建筑工人安全常识读本

JIANZHU GONGREN ANQUAN CHANGSHI DUBEN

深圳市施工安全监督站 编

U0330704

中国建筑工业出版社

图书在版编目（CIP）数据

建筑工人安全常识读本/深圳市施工安全监督站编.
—北京：中国建筑工业出版社，2004
ISBN 978-7-112-06637-7

Ⅰ.建… Ⅱ.深… Ⅲ.建筑工程-工程施工-安全技术-基本知识 Ⅳ.TU 714

中国版本图书馆 CIP 数据核字（2004）第 057585 号

建筑工人安全常识读本
深圳市施工安全监督站　编

*

中国建筑工业出版社出版、发行（北京西郊百万庄）
各地新华书店、建筑书店经销
北京建筑工业印刷厂印刷

*

开本：889×1194毫米　1/32　印张：6　字数：150千字
2004年6月第一版　2017年9月第十一次印刷
定价：**16.00**元
ISBN 978-7-112-06637-7
(12591)

前　言

　　增强建筑工人的安全防范意识，是预防和减少建筑施工伤亡事故的治本之策。根据《建设工程安全生产管理条例》及有关规定，我们组织编写了《建筑工人安全常识读本》一书，旨在提高建筑工人的安全意识。

　　本书由富有多年施工安全监督经验的各专业工程师编写，重点是预控建筑工人高坠、触电、机械伤害、物体打击和坍塌五种伤害，针对性强。本书简明扼要、重点突出、图文并茂、通俗易懂。

　　本书在编写过程中，得到了许多同志的帮助和支持，同时也参考借鉴了有关文献资料，我们表示衷心感谢。

　　由于编写时间仓促，水平有限，书中难免有遗漏和不妥之处，敬请读者批评指正。

编　者

2004 年 6 月

目　　录

第一章

安全生产法规常识

　　安全生产关系着人民群众的生命财产安全，关系着改革发展和社会稳定大局。党中央、国务院高度重视安全生产工作，建国以来特别是改革开放以来，采取了一系列重大举措，加强安全生产工作，制定了一系列法律、法规和规章，加强和规范安全管理。本章着重介绍建筑施工现场劳务工人健康与安全的基本权利及义务(图1-1)。

图1-1　遵纪守法

第一节　施工现场劳务工人的基本权利

一、劳动者有休息的权力

《中华人民共和国宪法》第四十三条规定，中华人民共和国劳动者有休息的权利。国家发展劳动者休息和休养的设施，规定职工的休息时间和休假制度。

二、劳动者有佩带使用防护用品的权力

《中华人民共和国安全生产法》第三十七条规定，生产经营单位必须为从业人员提供符合国家标准或者行业标准的劳动防护用品，并监督、教育从业人员按照使用规则佩戴、使用。

《中华人民共和国建筑法》第四十七条规定，劳动者有权获得安全生产所需的防护用品。

三、对影响人身健康作业程序的改进和建议权及安全管理的批评检控权

图1-2　有权对安全生产工作存在问题提出批评

从业人员有权对本单位的安全生产工作提出建议；有权对本单位安全生产工作中存在的问题提出批评、检举、控告（图1-2）。

《中华人民共和国安全生产法》第五十二条规定，工会……发现生产经营单位违章指挥、强令冒险作业或者发现事故隐患时，有权提出解决的建议，生产经营单位应当及时研究答复；发现危及从业人员生命安全的情况时，有权向生产经营单位建议组织从业人员撤离危险场所，生产经营单位必须立即作出处理。

《建设工程安全生产管理条例》第三十二条规定，作业人员有权对施工现场的作业条件、作业程序和作业方式中存在的安全问题提出批评、检举和控告，有权拒绝违章指挥和强令冒险作业。

四、拒绝违章指挥和强令冒险作业权

法律赋予从业人员拒绝违章指挥和强令冒险作业的权利。

《中华人民共和国建筑法》第七十一条规定，建筑施工企业的管理人员违章指挥、强令职工冒险作业，因而发生重大伤亡事故或者造成其他严重后果的，依法追究刑事责任。

《中华人民共和国安全生产法》第四十六条规定，从业人员有权对本单位安全生产工作中存在的问题提出批评、检举、控告；有权拒绝违章指挥和强令冒险作业。生产经营单位不得因从业人员对本单位安全生产工作提出批评、检举、控告或者拒绝违章指挥、强令冒险作业而降低其工资、福利等待遇或者解除与其订立的劳动合同（图1-3）。

图1-3　拒绝违章指挥

五、从业人员享有工伤保险和获得伤亡赔偿的权利

《中华人民共和国安全生产法》第四十三条规定，生产经营单位必须依法参加工伤社会保险，为从业人员缴纳保险费。

《中华人民共和国安全生产法》第四十四条规定，生产经营单位与从业人员订立的劳动合同，应当载明有关保障从业人员劳动安全、防止职业危害的事项，以及依法为从业人员办理工伤社会保险的事项。生产经营单位不得以任何形式与从业人员订立协议，免除或者减轻其对从业人员因生产安全事故伤亡依法应承担的责任。

《中华人民共和国安全生产法》第四十八条规定，因生产安全事故受到损害的从业人员，除依法享有工伤社会保险外，依照有关民事法律尚有获得赔偿的权利的，有权向本单位提出赔偿要求。

《中华人民共和国安全生产法》第八十九条规定，生产经营单位与从业人员订立协议，免除或者减轻其对从业人员因生产安全事故伤亡依法应承担的责任的,该协议无效;对生产经营单位的主要负责人、个人经营的投资人处 2 万元以上 10 万元以下的罚款。

《建设工程安全生产管理条例》第三十八条规定,施工单位应当为施工现场从事危险作业的人员办理意外伤害保险。意外伤害保险费由施工单位支付。实行施工总承包的,由总承包单位支付意外伤害保险费。意外伤害保险期限自建设工程开工之日起至竣工验收合格止。

六、危险因素和应急措施的知情权

从业人员有权了解其作业场所和工作岗位存在的危险因素及事故应急措施。要保证从业人员此项权利的行使,建筑施工企业有义务事前告知有关危险因素和事故应急措施。

《中华人民共和国安全生产法》第二十八条规定,生产经营单位应当在有较大危险因素的生产经营场所和有关设施、设备上,设置明显的安全警示标志。

《中华人民共和国安全生产法》第八十三条规定,生产经营单位有下列行为之一的,责令限期改正;逾期未改正的,责令停止建设或者停产停业整顿,可以并处 5 万元以下的罚款;造成严重后果,构成犯罪的,依照刑法有关规定追究刑事责任……(四)未在有较大危险因素的生产经营场所和有关设施、设备上设置明显的安全警示标志的。

《中华人民共和国安全生产法》第四十五条规定,生产经营单位的从业人员有权了解其作业场所和工作岗位存在的危险因素、防范措施及事故应急措施,有权对本单位的安全生产工作提出建议。

《中华人民共和国安全生产法》第三十六条规定,生产经营单位应当教育和督促从业人员严格执行本单位的安全生产规章制度和安全操作规程;并向从业人员如实告知作业场所和工作岗位存在的危险因素、防范措施以及事故应急措施。

《建设工程安全生产管理条例》第三十二条规定,施工单位应当向作业人员提供安全防护用具和安全防护服装,并书面告知危险岗位的操作规程和违章操作的危害。

七、劳动者有接受安全教育、培训的权力

《中华人民共和国安全生产法》第三十九条规定,生产经营单位应当安排用于配备劳动防护用品、进行安全生产培训的经费。

《中华人民共和国安全生产法》第二十一条规定,生产经营单位应当对从业人员进行安全生产教育和培训,保证从业人员具备必要的安全生产知识,熟悉有关的安全生产规章制度和安全操作规程,掌握本岗位的安全操作技能。未经安全生产教育和培训合格的从业人员,不得上岗作业（图1-4）。

《中华人民共和国安全生产法》第二十二条规定,生产经营单位采用新工艺、新技术、新材料或者使用新设备,必须了解、掌握其安全技术特性,采取有效的安全防护措施,并对从业人员进行专门的安全生产教育和培训。

《中华人民共和国安全生产法》第八十二条规定,生产经营单位有下列行为之一的,责令限期改正;逾期未改正的,责令停产停业整顿,可以并处2万元以下的罚款……(三)未按照本法第二十一条、第二十二条的规定对从业人员进行安全生产教育和培训,或者未按照本法第三十六条的规定如实告知从业人员有关的安全生产事项的。

八、危险情况下的停止作业和紧急撤离权

保护作业人员的生命安全是第一位的，法律必须赋予他们享有停止作业和紧急撤离的权利。从业人员发现直接危及人身安全的紧急情况时，有权停止作业或者在采取可能的应急措施后撤离作业场所。建筑施工企业不得因从业人员在前款紧急情况下停止作业或者采取紧急撤离措施而降低其工资、福利等待遇或者解除与其订立的劳动合同。

　　《中华人民共和国安全生产法》第四十七条规定，从业人员发现直接危及人身安全的紧急情况时，有权停止作业或者在采取可能的应急措施后撤离作业场所。生产经营单位不得因从业人员在前款紧急情况下停止作业或者采取紧急撤离措施而降低其工资、福利等待遇或者解除与其订立的劳动合同。

　　《中华人民共和国安全生产法》第五十二条规定，工会发现危及从业人员生命安全的情况时，有权向生产经营单位建议组织从业人员撤离危险场所，生产经营单位必须立即作出处理（图1-5）。

图1-4　接受安全教育培训　　　　图1-5　危险情况下紧急撤离

第二节　施工现场劳务工人的基本义务和责任

一、遵守规章的义务

建筑施工企业和作业人员在施工过程中，应当遵守有关安全生产的法律、法规和建筑行业安全规章、规程，不得违章指挥或者违章作业。

《中华人民共和国刑法》第一百三十四条规定，工厂、矿山、林场、建筑企业或者其他企业、事业单位的职工，由于不服管理、违反规章制度，或者强令工人违章冒险作业，因而发生重大伤亡事故或者造成其他严重后果的，处3年以下有期徒刑或者拘役；情节特别恶劣的，处3年以上7年以下有期徒刑。

《中华人民共和国刑法》第一百三十六条规定，违反爆炸性、易燃性、放射性、毒害性、腐蚀性物品的管理规定，在生产、储存、运输、使用中发生重大事故，造成严重后果的，处3年以下有期徒刑或者拘役；后果特别严重的，处3年以上7年以下有期徒刑。

《中华人民共和国建筑法》第四十七条规定，建筑施工企业和作业人员在施工过程中，应当遵守有关安全生产的法律、法规和建筑行业安全规章、规程，不得违章指挥或者违章作业。

二、不妨碍和伤害他人及不破坏公共利益和环境的义务

《民法通则》第一百二十三条规定，从事高空、高压、易燃、易爆、剧毒、放射性、高速运输工具等对周围环境有高度危险的作业造成他人损害的，应当承担民事责任；如果能够证明损害是由受害人故意造成的，不承担民事责任。

《民法通则》第一百二十四条规定，违反国家保护环境防止污染的规定，污染环境造成他人损害的，应当依法承担民事责任。

《民法通则》第一百二十五条规定，在公共场所、道路旁或者通道上挖坑、修缮安装地下设施等，没有设置明显标志和采取安全措施造成他人损害的，施工人应当承担民事责任。

《民法通则》第一百二十六条规定，建筑物或者其他设施以及建筑物上的搁置物、悬挂物发生倒塌、脱落、坠落造成他人损害的，它的所有人或者管理人应当承担民事责任，但能够证明自己没有过错的除外。

三、持证上岗的义务

特种作业人员须严格遵守持证上岗制度。垂直运输机械作业人员、起重机械安装拆卸工、爆破作业人员、起重信号工、登高架设作业人员等特种作业人员，必须按照国家有关规定经过专门的安全作业培训，并取得特种作业操作资格证书后，方可上岗作业。

《中华人民共和国安全生产法》第二十三条规定，生产经营单位的特种作业人员必须按照国家有关规定经专门的安全作业培训，取得特种作业操作资格证书，方可上岗作业。

《中华人民共和国安全生产法》第八十二条规定，生产经营单位有下列行为之一的，责令限期改正;逾期未改正的，责令停产停业整顿，可以并处 2 万元以下的罚款:……(四)特种作业人员未按照规定经专门的安全作业培训并取得特种作业操作资格证书，上岗作业的。

《建设工程安全生产管理条例》第二十五条规定，垂直运输机械作业人员、安装拆卸工、爆破作业人员、起重信号工、登高架设作业人员等特种作业人员，必须按照国家有关规定经过专门的安全作业培训，并取得特种作业操作资格证书后，方可上岗作业。

四、正确佩戴和使用劳动防护用品的义务

《中华人民共和国安全生产法》第四十九条规定，从业人员在作业过程中，应当严格遵守本单位的安全生产规章制度和操作规程，服从管理，正确佩戴和使用劳动防护用品。

《建设工程安全生产管理条例》第三十三条规定，作业人员应当遵守安全施工的强制性标准、规章制度和操作规程，正确使用安全防护用具、机械设备等。

五、认真参加安全培训、教育的义务

作业人员应当认真参加安全培训、教育、安全及技术交底，了解其作业场所和工作岗位存在的危险因素及事故应急措施，提高自我保护意识。安全培训不合格不得上岗。

《中华人民共和国安全生产法》第二十一条规定，未经安全生产教育和培训合格的从业人员，不得上岗作业。

第三节   施工现场劳务工人的基本安全环境

一、劳动安全设施应符合国家规定

《中华人民共和国刑法》第一百三十五条规定,工厂、矿山、林场、建筑企业或者其他企业、事业单位的劳动安全设施不符合国家规定,经有关部门或者单位职工提出后,对事故隐患仍不采取措施,因而发生重大伤亡事故或者造成其他严重后果的,对直接责任人员,处3年以下有期徒刑或者拘役;情节特别恶劣的,处3年以上7年以下有期徒刑。

二、安全事故隐患应及时整改

《中华人民共和国建筑法》第七十一条规定,建筑施工企业违反本法规定,对建筑安全事故隐患不采取措施予以消除的,责令改正,可以处以罚款;情节严重的,责令停业整顿,降低资质等级或者吊销资质证书;构成犯罪的,依法追究刑事责任。建筑施工企业的管理人员违章指挥、强令职工冒险作业,因而发生重大伤亡事故或者造成其他严重后果的,依法追究刑事责任。

三、建筑活动应当确保建筑工程质量和安全

《中华人民共和国建筑法》第三十七条规定,建筑工程设计应当符合按照国家规定制定的建筑安全规程和技术规范,保证工程的安全性能。

《中华人民共和国建筑法》第三十八条规定,建筑施工企业在编制施工组织设计时,应当根据建筑工程的特点制定相应的安全技术措施;对专业性较强的工程项目,应当编制专项安全施工组织设计,

并采取安全技术措施。

四、建筑现场应实行封闭管理

《中华人民共和国建筑法》第三十九条规定，建筑施工企业应当在施工现场采取维护安全、防范危险、预防火灾等措施；有条件的，应当对施工现场实行封闭管理。

《建设工程安全生产管理条例》第三十条第3款规定，在城市市区内的建设工程，施工单位应当对施工现场实行封闭围挡。

《建设工程安全生产管理条例》第六十四条规定，违反本条例的规定，施工单位有下列行为之一的，责令限期改正；逾期未改正的，责令停业整顿，并处5万元以上10万元以下的罚款；造成重大安全事故，构成犯罪的，对直接责任人员，依照刑法有关规定追究刑事责任：

（一）施工前未对有关安全施工的技术要求作出详细说明的；

（二）未根据不同施工阶段和周围环境及季节、气候的变化，在施工现场采取相应的安全施工措施，或者在城市市区内的建设工程的施工现场未实行封闭围挡的；

（三）在尚未竣工的建筑物内设置员工集体宿舍的；

（四）施工现场临时搭建的建筑物不符合安全使用要求的；

（五）未对因建设工程施工可能造成损害的毗邻建筑物、构筑物和地下管线等采取专项防护措施的。

施工单位有前款规定第（四）项、第（五）项行为，造成损失的，依法承担赔偿责任。

五、健康的生活环境

施工现场应当设置必要的职工生活设施。并应当符合卫生、通风、照明、消防等要求。

《建设工程安全生产管理条例》第二十九条规定，施工单位应当将施工现场的办公、生活区与作业区分开设置，并保持安全距离；办公、生活区的选址应当符合安全性要求。职工的膳食、饮水、休息场所等应当符合卫生标准。施工单位不得在尚未竣工的建筑物内设置员工集体宿舍。

《建设工程安全生产管理条例》第四十九规定，各施工单位应当根据建设工程施工的特点、范围，对施工现场易发生重大事故的部位、环节进行监控，制定施工现场生产安全事故应急救援预案。实行施工总承包的，由总承包单位统一组织编制建设工程生产安全事故应急救援预案，工程总承包单位和分包单位按照应急救援预案，各自建立应急救援组织或者配备应急救援人员，配备救援器材、设备，并定期组织演练（图1-6）。

图1-6 多方面保证施工安全

第二章

施工安全基本常识

生产必须安全，安全促进生产。施工安全生产必须坚持"安全第一、预防为主"的方针，贯彻执行施工安全生产纪律，做好现场文明施工的管理，确保施工人员安全和健康，达到安全生产。

第一节　安全生产的基本概念

一、安全的概念

1. 安全

安全，顾名思义，"无危则安，无缺则全"，即安全意味着没有危险且尽善尽美。

2. 安全生产

安全生产就是在生产的过程中对劳动者的安全与健康进行保护，同时还要保护设备、设施的安全，保证生产进行。

3. 事故

事故是在人们生产、生活活动过程中突然发生的、违背人们意志的、迫使活动暂时或永久停止，可能造成人员伤害、财产损失或环境污染的意外事件。

二、安全生产的方针

图 2-1　安全第一，预防为主

（1）施工安全生产必须坚持"安全第一、预防为主"的方针（图 2-1）。

（2）"安全第一"是原则和目标，是从保护和发展生产力的角度，确立了生产与安全的关系，肯定了安全在建设工程生产活动中的重要地位。

（3）"安全第一"的方针，就是要求所有参与工程建设的人员，包括管理者和从业人员以及对工程建设活动进行监督管理的人员都必须树立安全的观念，不能为了经济的发展而牺牲安全。

（4）当安全与生产发生矛盾时，必须先解决安全问题，在保证安全的前提下从事生产活动，也只有这样，才能使生产正常进行，才能充分发挥职工的积极性，提高劳动生产率，促进经济的发展，保持社会的稳定。

（5）"预防为主"的手段和途径，是指在生产活动中，根据生产活动的特点，对不同的生产要素采取相应的管理措施，有效地控制不安全因素的发展和扩大，把可能发生的事故消灭在萌芽状态，以保证生产活动中人的安全与健康。

（6）对于施工活动而言，"预防为主"就是必须预先分析危险点、危险源、危险场地等，预测和评估危害程度，发现和掌握危险出现的规律，制定事故应急预案，采取相应措施，将危险消灭在转化为事故之前。

总之，"安全第一、预防为主"的方针体现了国家在建设工程安全生产过程中"以人为本"，保护劳动者权利、保护社会生产力、促进社会全面进步的指导思想，是建设工程安全生产的基本方针。

三、安全与生产的关系

安全与生产是辨证统一的关系，是一个整体。生产必须安全，安全促进生产，不能将两者对立起来。

（1）在施工过程中，必须尽一切可能为作业人员创造安全的生产环境和条件，积极消除生产中的不安全因素，防止伤害事故的发生，使作业人员在安全的条件下进行生产。

（2）安全工作必须紧紧围绕着生产活动进行，不仅要保障作业人员的生命安全，还要促进生产的发展，离开生产，安全工作就毫无实际意义。

四、工人上岗的基本要求

新工人上岗前必须签订劳动合同，明确双方的权利和义务，企业必须为工人购买工伤保险，企业职工有享受工伤保险待遇的权利。

五、安全生产的三级教育

工人上岗前必须进行公司、工程项目部和作业班组三级教育。

1．施工企业

安全培训教育的主要内容有：国家和地方有关安全生产的方针、政策、法规、标准、规范、规程和企业的安全规章制度等。

2．工程项目部

安全培训教育的主要内容有：工地安全制度、施工现场环境、工程施工特点及可能存在的不安全因素等。

3．作业班组

安全培训教育的主要内容有：本工种的安全操作规程、事故安全剖析、劳动纪律和岗位讲评等。

六、杜绝"三违"现象

1．违章指挥

企业负责人和有关管理人员指挥职工冒险蛮干，思想上存有侥幸心理，法制观念淡薄，缺乏安全知识，对国家、集体财产和职工的生命安全不负责任，劳动保护措施不落实，安全检查人员工作不扎实，事故隐患整改不及时等。

2．违章作业

违章操作，无章可循。没有形成一套完善的安全管理制度和操作规程；有的把其他企业安全管理制度和操作规程拿来照搬照抄，其内容的针对性和适应性差。

3．违反劳动纪律

在班时脱岗和窜岗，班前酗酒、熬夜，上班时体力不支；职工碰到过节、农村大忙和婚丧喜事，在班期间精力不集中；闲杂人员进入施工区。

七、三不伤害

三不伤害就是"不伤害自己、不伤害别人、不被别人伤害。"

自己不违章，只能保证不伤害自己，不伤害别人。要做到不被别人伤害，这就要求我们要及时制止他人违章。制止他人违章既保护了自己，也保护了他人。

第二节　建筑施工的特点

（1）建筑施工最大的特点是产品固定，这是它不同于其他行业的根本点。建筑产品是固定的，体积大，生产周期长。一座厂房、一栋楼房、一座烟囱或一件设备，一经施工完毕就固定不动了。

（2）流动性大是建筑施工的又一个特点。一座厂房、一栋楼房完成后，施工队伍就要转移到新的地点，去建新的项目。这些新的工程，可能在同一个地区，也可能在另一个地区，那么施工队伍就要相应地在不同的地区间流动。

（3）露天高处作业多，在空旷的地方盖房子，没有遮阳棚、也没有避风的墙，工人常年在室外操作。一幢建筑物从基础、主体结构到屋面工程、室外装修等，露天作业约占整个工程的70%。

（4）手工操作，繁重的劳动，体力消耗大。建筑业是我国发展最早的行业，可是几千年来，大多数工种至今仍是手工操作，从事着繁重的体力劳动。

（5）建筑产品的多样性，施工过程变化大，规律性差。每幢建筑物从基础、主体到装修，每道工序不同，不安全因素也不同，即使同一道工序由于工艺和施工方法不同，生产过程也不相同。

（6）近年来，建设任务正由以工业建筑为主向以民用建筑为主转变，建筑物由低层向高层发展，施工现场由较为广阔的场地向狭窄的场地变化。

建筑施工复杂又变幻不定，由于以上各种因素，因此不安全因素多。特别是生产高峰季节、高峰时间更易发生事故。再加上流动分散，工期不固定，比较容易形成临时观念，马虎凑合，不采取可靠的安全防护措施，存在侥幸心理，伤亡事故必然频繁发生(图2-2)。

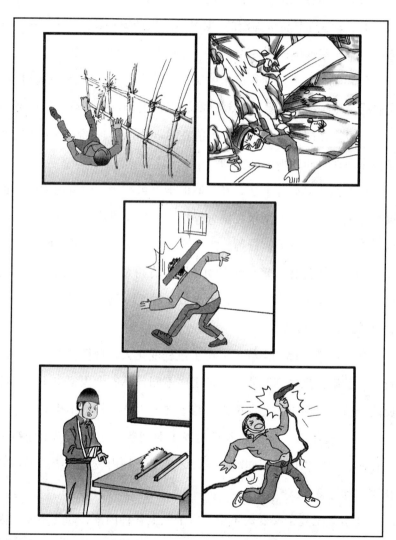

图2-2　建筑施工现场的五大伤害

第三节　施工现场安全生产纪律

图 2-3　现场安全教育

（1）进入施工现场必须戴好安全帽，系好帽带，并正确使用个人劳动防护用品（图 2-3）。

（2）凡 2m 以上的悬空，高处作业无安全设施的必须系好安全带，扣好保险钩。

（3）高处作业时不往下或向上乱抛材料和工具等物件。

（4）各种电动机械设备，必须有漏电保护装置和可靠保护接零方能开动使用。

（5）未经有关人员批准不准随意拆除安全设施和安全装置。

（6）未经教育不得上岗，无证不得操作，非操作者严禁进入危险区域。

（7）井字架吊篮、料斗不准乘人。

（8）酒后不准上班操作（图2-4）。

（9）穿拖鞋、高跟鞋、赤脚或赤膊不准进入施工现场。

（10）穿硬底鞋不准进行登高作业。

图2-4　不准酒后上班

第四节　文明施工

图 2-5　好工地

图 2-6　差工地

一、文明施工的基本要求

施工现场是建筑活动的场所，也是企业对外的"窗口"，直接关系到城市的文明和形象。

施工现场应当实现科学管理，安全生产，确保施工人员安全和健康，达到安全生产。

现场应当实现围挡、大门、标牌装饰化，材料堆放标准化，生活设施整洁化，职工行为文明化。

现场应做到施工不扰民，现场不扬尘，运输垃圾不遗撒，营造良好的作业环境，为创建文明卫生城市增添光彩。

图 2-5 与图 2-6 示意了好工地与差工地的对比。

二、施工现场环境

施工现场应保持整洁，及时清理。要做到施工完一层清理一层，施工垃圾应集中堆放并及时拉走（图2-7）。

图2-7　清扫现场

现场内各种管道都应做好保护，防止碾轧，接头处要牢靠，防止跑、冒、滴、漏。施工中的污水应用管道或沟槽流入沉淀池集中处理，不得任意向现场排放或流到场外及河流。

施工现场的材料应按照规定的地点分类存放整齐，做到一头齐、一条线、一般高。砂石材料成方，周转材料、工具一头见齐，钢筋要分规格存放，不得侵占现场道路，防止堵塞交通影响施工。

各种气瓶属于危险品，在存放和使用时，要距离明火10m以外。

乙炔瓶禁止倒放，防止丙酮外溢发生危险。

工地临时宿舍应做到被褥叠放整齐，个人用具按次序摆放，衣服勤洗勤换，污水不乱泼乱倒，保持室内空气新鲜，室外环境整洁，保证睡眠和休息（图2-8）。

图2-8 宿舍整洁、干净

三、饮食卫生

工地食堂应严防肠道传染病的发生，杜绝食物中毒，把住病从口入关。

炊管人员必须持有所在地区卫生防疫部门办理的健康证，并且每年进行一次体检。凡患有痢疾、肝炎、伤寒、活动性肺结核、渗出性皮肤病以及其他有碍食品卫生的疾病，不得参加食品的制作及洗涤工作。炊管人员无健康证的不准上岗。

饭前洗手，不吃不干净的食品，不喝生水，保证身体健康（图2-9）。

图 2-9 勤洗手

四、施工现场防火

施工现场明火作业，操作前办理动火证，经现场有关部门（负责人）批准，做好防护措施并派专人看火（监护）后，方可操作。动

图 2-10 持动火证进行焊接作业

火证只限于当天本人在规定地点使用（图2-10）。

每日作业完毕或焊工离开现场时，必须确认用火已熄灭，周围无隐患，电闸已拉下，门已锁好，确认无误后，方可离开。

焊、割作业不准与油漆、喷漆、木料加工等易燃、易爆作业同时上下交叉作业。

高处焊接下方设专人监护，中间应有防护隔板。

几种灭火器的性能和用途

灭火器种类	二氧化碳灭火器	四氯化碳灭火器	干粉灭火器	1211灭火器
规格	2kg 以下 2～3kg 5～37kg	2kg 以下 2～33kg 5～38kg	8kg 50kg	1kg 2kg 3kg
药剂	液态二氧化碳	四氯化碳液体，并有一定压力	钾盐或钠盐干粉并有盛装压缩气体的钢瓶	二氟一氯溴甲烷，并充填压缩氮
用途	不导电 扑救电气精密仪器、油类和酸类火灾；不能扑救钾、钠、镁、铝物质火灾	不导电 扑救电气设备火灾；不能扑救钾、钠、镁、铝、乙炔、二硫化碳火灾	不导电 扑救电气设备火灾，石油产品、油漆、有机溶剂、天然气火灾，不宜扑救电机火灾	不导电 扑救电气设备火灾、油类、化工化纤原料初起火灾

（续表）

效能	射程3m	3kg，喷射时间30s,射程7m	8kg,喷射时间4～8s,射程4.5m	1kg,喷射时间6～8s,射程2～3m
使用方法	一手拿喇叭筒对着火源，另一手打开开关	只要打开开关，液体就可喷出	提起圈环，干粉就喷出	拔下铅封或横销，用力压下压把
检查方法	每3月测量一次，当减少原重1／10时，应充气	每3月试喷少许，压力不够时应充气	每年检查一次干粉是否受潮或结块；小钢瓶内气体压力，每半年检查一次，如重量减少1/10,应换气	每年检查一次重量

进入施工现场作业区，特别是在易燃、易爆物周围，严禁吸烟。

施工现场电气发生火情时，应先切断电源，再用砂土、二氧化碳、"1211"或干粉灭火器进行灭火。不要用水及泡沫灭火器进行灭火，以防止发生触电事故。

施工现场放置消防器材处，应设明显标志，夜间设红色警示灯，消防器材须垫高放置，周围 3m 内不得存放任何物品。

当现场有火险发生时，不要惊慌，应立即取出灭火器或接通水源扑救。当火势较大，现场无力扑救时，立即拨打 119 报警，讲清火险发生的地点、情况、报告人及单位等（图 2-11）。

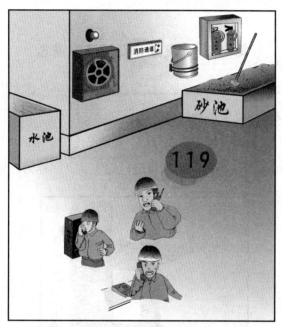

图 2-11　施工现场须配置各种消防器材

第三章

高处作业安全常识

第一节　高处作业的基本概念

2m以上高处进行的作业，称为高处作业。高处作业中，若防护不好可能发生高处坠落或物体打击事故。

按照国家标准《高处作业分级》规定：凡在坠落高度基准面2m以上(含2m)有可能坠落的高处所进行的作业，都称为高处作业。

图3-1　坠落半径、坠落高度、最低最落点

人体从超过自身高度的高处坠落就可能受到伤害，高处作业高度越高，可能坠落范围半径越大，作业危险性就越大。

　　坠落半径、坠落高度、最低坠落点如图 3—1 所示。

　　把在特殊和恶劣条件下的高处作业称为特殊高处作业，特殊高处作业以外的高处作业称为一般高处作业。特殊高处作业包括强风、高温、雪天、雨天、夜间、带电、悬空、抢救等高处作业。

　　在施工现场高处作业中，如果未防护、防护不好或作业不当都可能发生人或物的坠落。人从高处坠落的事故，称为高处坠落事故，物体从高处坠落砸着下面人的事故，称为物体打击事故。长期以来，预防施工现场高处作业的高处坠落、物体打击事故始终是施工安全生产的首要任务。

第二节 高处作业的基本类型

建筑施工中的高处作业主要包括临边、洞口、攀登、悬空、交叉等五种基本类型，这些类型的高处作业是高处作业伤亡事故可能发生的主要地点。

一、临边作业

临边作业是指：施工现场中，工作面边沿无围护设施或围护设施高度低于80cm时的高处作业。

下列作业条件属于临边作业：

（1）在基坑施工时的基坑周边；

（2）框架结构施工的楼层周边；

（3）屋面周边；

（4）尚未安装栏杆的楼梯和斜道的侧边；

（5）尚未安装栏杆的阳台边。
还有各种垂直运输卸料平台的侧边，水箱水塔周边等的作业也是临边作业。临边高度越高，危险性越大（图3-2）。

图3-2 临边作业必须有防护

二、洞口作业

洞口作业是指：孔、洞口旁边的高处作业，包括施工现场及通道旁深度在2m及2m以上的桩孔、人孔、沟槽与管道孔洞等边沿的作业。

建筑物的楼梯口、电梯口及设备安装预留洞口等，在建筑物建成前，不能安装正式栏杆、门窗等围护结构；还有一些施工需要预留的上料口、通道口、施工口等，这些洞口没有防护时，就有造成作业人员高处坠落的危险。若不慎将物体从这些洞口坠落时，还可能造成下面的人员发生物体打击事故（图3-3）。

图3-3　洞口作业谨防坠落

三、攀登作业

攀登作业是指：借助登高用具或登高设施在攀登条件下进行的高处作业。

在建筑物周围搭设脚手架、张挂安全网、安装塔吊、龙门架、井字架、桩架、登高安装钢结构构件等作业都属于这种作业。

进行攀登作业时作业人员由于没有作业平台，只能攀登在脚手杆上或龙门架、井字架、桩机的架体上作业，要借助一只手攀，一条脚勾或用腰绳来保持平衡，身体重心垂线不通过脚下，作业难度大，危险性大，若有不慎就可能坠落（图3-4）。

图3-4　攀登作业

四、悬空作业

悬空作业是指：在周边临空状态下进行的高处作业。其特点是在操作者无立足点或无牢靠立足点条件下进行高处作业。

建筑施工中的构件吊装，利用吊篮架进行外装修，悬挑或悬空梁板、雨棚等特殊部位支拆模板、扎筋、浇混凝土等项作业都属于悬空作业。由于是在不稳定的条件下施工作业,危险性很大(图3-5)。

图 3-5　悬空作业

五、交叉作业

交叉作业是指：在施工现场的上下不同层次，于空间贯通状态下同时进行的高处作业。

现场施工上部搭设脚手架、吊运物料，地面上的人员搬运材料、制作钢筋，或外墙装修下面打底抹灰、上面进行面层装修等等，都是施工现场的交叉作业。交叉作业中，若高处作业不慎碰掉物料，失手掉下工具或吊运物体散落，都可能砸到下面的作业人员，发生物体打击伤亡事故（图 3-6）。

图 3-6　交叉作业注意防止坠物伤人

第三节　高处作业安全技术常识

从事高处作业人员须体检合格,衣着灵便;高处特种作业人员须持证上岗。高处作业时的安全措施有设置防护栏杆,孔洞加盖装门,满挂安全平立网,必要时设置安全防护棚等。

一、高处作业的一般施工安全规定和技术措施

(1)施工前,应逐级进行安全技术教育及交底,落实所有安全技术措施和人身防护用品,未经落实时不得进行施工。

(2)高处作业中的安全标志、工具、仪表、电气设施和各种设施、设备,必须在施工前加以检查,确认其完好,方能投入使用。

(3)悬空、攀登高处作业以及搭设高处作业安全设施的人员必须经专业技术培训、考试合格发给特种作业人员操作证,并体检合格后,才能从事高处作业。

(4)从事高处作业的人员必须定期进行身体检查,诊断患有心脏病、贫血、高血压、癫痫病、恐高症及其他不适宜高处作业的疾病时,不得从事高处作业。

(5)高处作业人员衣着要灵便,禁止赤脚、穿硬底鞋、高跟鞋、带钉易滑鞋或拖鞋及赤膊裸身从事高处作业。酒后禁止高处作业。

(6)高处作业场所有坠落可能的物体,应一律先行撤除或予以固定。所用物件均应堆放平稳,不妨碍通行和装卸。工具应随手放入工具袋(图3-7)。传递物件时,禁止抛掷。拆卸下的物件及余料、废料应及时清理运走。

(7)遇有六级以上强风、浓雾等恶劣天气,不得进行露天悬空

与攀登高处作业。台风暴雨后，应对高处作业安全设施逐一加以检查，发现有松动、变形、损坏或脱落、漏雨、漏电等现象，应立即修理完善或重新设置。

（8）所有安全防护设施和安全标志等，任何人都不得损坏或擅自移动和拆除。因作业必需，临时拆除或变动安全防护设施和安全标志时，必须经施工负责人同意，并采取相应的可靠措施，作业完毕后应立即恢复。

（9）施工中对高处作业的安全技术设施发现有缺陷和隐患时，必须立即报告，及时解决。危及人身安全时，必须立即停止作业。

图3—7　工具放进工具袋

二、高处作业施工安全的专项规定和技术措施

（1）凡是临边作业，都要在临边处设置防护栏杆，高度一般为0.9～1.1m。防护栏杆由上下两道横杆、栏杆柱（间距不大于2m）

及挡脚板组成，栏杆的材料、立柱的固定、立柱与横杆的连接等应有足够强度，其整体构造应使防护栏杆在上杆任何处都能经受任何方向的 100kg 的外力（图 3-8）。

图 3-8　设置防护栏杆

　　当临边的外侧面临街道时，除防护栏杆外，敞口立面必须采取满挂密目式安全立网作全封闭。井字架、施工电梯和脚手架等与建筑物通道的两侧边，要设防护栏杆。地面通道上方都要装设安全防护棚。

　　垂直运输各层接料平台除两侧设防护栏杆、平台口装设安全门外，防护栏杆上下必须加挂密目式安全立网全封闭。

　　（2）对于洞口作业，可据具体情况采取设防护栏杆、加盖板、张挂安全网与装栅门等措施。

　　对楼板、屋面、平台上的洞口，洞口边长小于 50cm 时要盖严，盖件要固定，不准挪动；洞口边长大于50cm时，洞边要设防护栏杆，栏杆底设挡脚板或在洞口下装设安全网。

对墙面等处落地的竖向洞口，要加设防护门，也可用防护栏杆、下设挡脚板。其中电梯井内每隔两层并最多隔10m要设一道水平安全网封闭。对下边沿至楼板或底面低于80cm的窗台等未落地的竖向洞口，如侧边落差大于2m时，要装设1.2m高的临时护栏。

对临近人与物有坠落危险的其他孔洞口，都应盖设或加以防护，并有固定其位置的措施（图3-9）。

图3-9　洞口应盖防护板

施工通道附近的各类洞口与坑槽处，除防护处还要有安全标志，夜间要设红灯示警。

(3) 进行攀登作业时，作业人员要从规定的通道上下，不能在阳台之间等非规定通道进行攀登，也不得任意利用吊车臂架等施工设备进行攀登。上下梯子时，必须面向梯子，且不得手持器物(图3-10)。

图3-10　攀登梯子

使用梯子时，梯脚底部应坚实、防滑，且不得垫高使用；梯子上端应有固定措施或设人扶梯；立梯工作角度以75°±5°为宜，踏板上下间距以30cm为宜，不得缺档；如需接长，必须有可靠的连接措施，且接头最多为1m，连接后梯梁的强度应不低于单梯梯梁的强度。

使用折梯时，上部夹角以35°～45°为宜，铰链必须牢固，并有可靠的拉撑措施，禁止骑在折梯上移动梯子。

(4) 进行悬空作业时，要设有牢靠的作业立足处，并视具体情况设防护栏杆、张挂安全网或其他安全措施；作业所用索具、脚手板、吊篮、吊笼、平台等设备，均需经技术鉴定方能使用。

在安装柱、梁、板等结构模板时，要站在脚手架或操作平台上操作，不能站在墙上或模板的楞木上作业，也不要在支撑过程中的模板上行走。

绑扎柱、墙钢筋时，不得站在钢筋骨架上或在骨架上攀登上下。装拆模板、绑扎钢筋其作业高度 3m 以上时，应设操作平台，3m 以下可用马凳（图 3-11）。

图 3-11　绑扎柱钢筋时，不得站在钢筋骨架上

悬空作业浇筑混凝土，如无可靠安全措施要挂好安全带或架设安全网。浇筑拱型结构时，要从结构两边的端部对称进行。浇筑储仓时，要先将下口封闭，然后搭脚手架进行。

在采用波型石棉瓦、铁皮瓦的轻型屋面上作业，行走之间必须在屋面上铺设带防滑条的垫板或搭设安全网。

（5）进行交叉作业时，注意不得在上下同一垂直方向上操作，下层作业的位置必须处于依上层高度确定的可能坠落范围半径之外。不符合以上条件时，必须设置安全防护棚。高度超过 24m 时，防护

图 3-12　设置双层防护棚

棚应设双层，以保证能接住上面的坠落物体（图3-12）。

利用塔吊、龙门架等机具作垂直运输作业时，地面作业人员要避开吊物的下方，不要在吊车吊臂下穿行停留，防止吊运的材料散落时被砸伤。

通道口和上料口由于上方施工或处在起重机吊臂回转半径之内，很有可能发生物体坠落，受其影响的范围内要搭设能防穿透的双层防廊或防护棚。

拆除脚手架与模板时，下方不得有其他操作人员，拆下的模板、脚手架等部件，临时堆放处离楼层边沿应不小于1m，堆放高度不得超过1m，楼梯通道口、脚手架边缘等处不得堆放拆下的物件。

进入施工现场要走指定的或搭有防护棚的出入口，不得从无防护棚的楼口出入，避免坠物砸伤。

第四节 脚手架作业安全技术常识

脚手架的搭设、拆除作业属悬空、攀登高处作业，架子工属国家规定的特种作业人员，必须经有关部门进行安全技术培训、考试合格、持证上岗。建筑劳务工参与这种作业时，只能做一些辅助性工作，未经培训合格之前，不能单独作业。架上作业时，人员、堆料不要超载。上下架子不要跳跃，避免冲击荷载。

一、脚手架的作用及常用架型

脚手架的主要作用是在高处作业时供堆料、短距离水平运输及工人在上面进行施工作业。高处作业的五种基本类型及安全隐患在脚手架上作业中都会发生。

脚手架应满足以下基本要求：

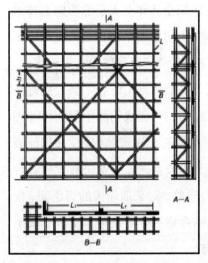

图 3-13 扣件式钢管脚手架的组成

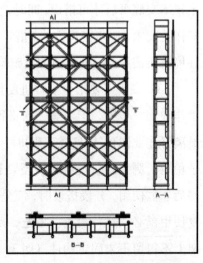

图 3-14 门型钢管脚手架的组成

（1）要有足够的牢固性和稳定性，保证施工期间在所规定的荷载和气候条件作用下，不产生变形、倾斜和摇晃；

（2）要有足够的使用面积，满足堆料、运输、操作和行走的要求；

（3）构造要简单，搭设、拆除和搬运要方便。

常用脚手架有扣件式钢管脚手架、门型钢管脚手架、碗扣式钢管架等。此外还有附着升降脚手架、吊篮式脚手架、挂式脚手架等。图3-13为扣件式钢管脚手架的组成，图3-14为门型钢管脚手架的组成。

二、脚手架作业的一般安全技术常识

（1）本章第三节所阐述的施工现场高处作业安全技术常识的相关内容，在脚手架搭设、拆除及架上施工作业中都适用。

（2）每个工程施工都应有脚手架施工方案，若采用超高、特殊、新型脚手架时，还须有经上级技术部门批准的设计图纸、计算书和安全技术交底书后才可搭设。同时，要组织全体作业人员熟悉施工技术和作业要求，确定搭设方法。搭设前，班组长要带领作业人员对施工环境及所需工具、安全防护设施等进行检查，消除隐患后方可作业。

（3）脚手架要结合工程进度搭设，结构施工时脚手架要始终高出作业面一步架，但不宜一次搭得过高。未完成的脚手架，作业人员离开作业岗位(休息或下班)时，不得留有未固定的构件，并保证架子稳定。脚手架搭设后必须经架子工工长会同安全员进行验收，合格后才能使用。分段搭设时，应分段验收。对长期停用的脚手架，恢复使用前必须进行检查、鉴定，确信合格后才能使用。下班时脚手架上不得留下未固定构件（图3-15）。

（4）架子使用中，通常架上的均布荷载，对砌筑施工架每平方

图 3-15　下班时脚手架上不得留下未固定构件

米应不超过 300kg，对装修施工架每平方米应不超过 200kg。

（5）高层建筑施工的脚手架若高出周围建筑物时，应防雷击。若在相邻建筑物或构筑物防雷装置保护范围以外，应安装防雷装置。

（6）现阶段最常用的落地式多立杆扣件钢管架，其架上荷载是通过脚手板——小横杆——大横杆——立杆，最后传递到架子基础上。因此，架子的基础必须坚实，若是回填土时，必须平整夯实，并作好排水，以防地基沉陷引起架子沉降、歪斜、倒塌。

当架子设计搭设高度不大于 24m 且地基土良好（二类土）时，立杆底座可直接放置在夯实的厚土上。

当架子设计搭设高度大于 24m 或地基土不太好时，在立杆底座下应按要求垫木板、混凝土预制块或其他加强措施。

当高层建筑脚手架的基础采取通常的加强措施不能满足时，可采取挑、吊、撑等技术措施，将荷载分段卸到建筑物上。

（7）脚手架在搭设、拆除及使用过程中，通常的加强措施为：

1）设计搭设高度小(15m 以内)，且场地宽敞时，在架子外侧每隔一定距离采用抛撑；

2）当设计搭设高度较大时，采用既抗拉又抗压的连接点(连墙件)，将外架与建筑物进行拉结。架上施工作业时要注意保护这些拉结点。

（8）施工作业层的脚手板要铺满、铺稳，距墙空隙不大于15cm，并不得出现探头板；在架上外侧四周须设 1.2m 高的防护栏杆，并设高度不小于18cm 的挡脚板，以防人、材料、工具坠落；作业层下面要装安全平网，以兜住万一从作业层掉下的材料或工具；外侧临街或高层建筑脚手架，架子外侧应设置双层安全防护棚，并用密目式安全立网全封闭，以防物料坠落，并保护下面的人员。

图 3-16　脚手架上堆料不得过于集中

（9）架上作业，人员不要太集中，堆料要平稳，不要过多过高过于集中（图3-16），以免超载或坠落。上下架子要走专门通道，不要从上往下跳，避免冲击荷载，造成塌落。

（10）建筑物外装修使用悬吊式脚手架时，作业前要检查吊架的索具拴结是否可靠，安全锁是否灵活，悬吊杆及挑架是否稳定，栏杆是否齐全牢固，脚手板是否铺严铺牢。上下吊架要走通道，不能从窗口爬上爬下，以防吊架移动造成坠落事故。作业时，操作人员要将安全带拴在安全绳上。

三、脚手架拆除的安全要点

（1）工程施工完毕经全面检查，确认不再需要架子时，经工程负责人签证后，方可进行拆除。

（2）拆架子，应设警戒区和醒目标志，有专人负责警戒；架上的材料，杂物等应消除干净；架子若有松动或危险的部位，应予以先行加固，再进行拆除。

（3）拆除顺序应遵循"自上而下，后装的构件先拆、先装的后拆，一步一清"的原则，依次进行。不得上下同时拆除作业，严禁用踏步式、分段、分立面拆除法。若确因装饰等特殊需要保留某立面脚手架时，应在该立面架子开口两端随其立面进度(不超过两步架)及时设置与建筑物拉结牢固的横向支撑。

（4）拆下的杆件、脚手板、安全网等应用竖直运输设备运至地面，严禁从高处向下抛掷。

（5）运到地面的杆件、扣件等物件应及时按品种、分规格堆放整齐，妥善保管。

第五节　　高处作业安全防护用品使用常识

由于建筑行业的特殊性，高处作业中发生的高处坠落、物体打击事故的比例最大。许多事故案例都说明，由于正确佩戴了安全帽、安全带或按规定架设了安全网，从而避免了伤亡事故。事实证明，安全帽、安全带、安全网是减少和防止高处坠落和物体打击这类事故发生的重要措施。由于这三种安全防护用品使用最广泛，作用又明显，人们常称之为"三宝"。

作业人员必须正确使用安全帽，调好帽箍，系好帽带；正确使用安全带，高挂低用。

一、安全帽

是对人体头部受外力伤害起防护作用的帽子。使用时要注意：

图 3-17　　正确戴安全帽

（1）戴帽前先检查外壳是否破损、有无合格帽衬、帽带是否齐全，若有一项不合格，立即更换。

（2）调整好帽衬间距(约4～5cm)。

（3）调整好帽箍。

（4）戴帽后系好帽带(图3-17)。

图3-18示意几种错误使用安全帽行为。

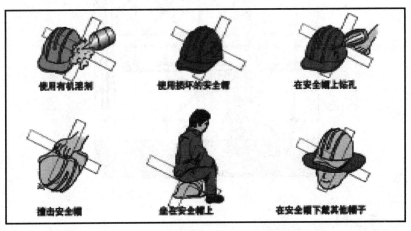

图3-18　几种错误使用安全帽行为

二、安全带

是高处作业人员预防坠落伤亡的防护用品。使用时要注意：

(1)选用经有关部门检验合格的安全带，并保证在使用有效期内。

(2)安全带严禁打结、续接。

(3)使用中，要可靠地挂在牢固的地方，高挂低用，且要防止摆动，避免明火和刺割。

（4）2m以上的悬空作业，必须使用安全带。

（5）在无法直接挂设安全带的地方，应设置挂安全带的安全拉绳、安全栏杆等（图3-19）。

图3-19　安全带必须高挂低用

三、安全网

是用来防止人、物坠落或用来避免、减轻坠落及物击伤害的网具。使用时要注意：

（1）要选用有合格证书的安全网。

（2）安全网若有破损、老化应及时更换。

（3）安全网与架体连接不宜绷得过紧，系结点要沿边分布均匀、绑牢。

（4）立网不得作为平网网体使用。

（5）立网应优先选用密目式安全立网。

第四章

施工现场临时用电安全常识

施工现场临时用电与一般工业或居民生活用电相比具有其特殊性，有别于正式"永久"性用电工程，具有暂时性、流动性、露天性和不可选择性。

触电造成的伤亡事故是建筑施工现场的多发事故之一，因此，凡进入施工现场的每个人员必须高度重视安全用电工作，掌握必备的用电安全技术知识。

第一节 电气安全基本常识

一、一般规定

（1）建筑施工现场的电工、电焊工属于特殊作业工种，必须经有关部门技能培训考核合格后，持操作证上岗，无证人员不得从事电气设备及电气线路的安装、维修和拆除。

（2）不准在宿舍工棚、仓库、办公室内用电饭煲、电水壶、电炉、电热杯等烧小灶，如需使用应由管理部门指定地点，严禁使用电炉。

（3）不准在宿舍内乱拉乱接电源，非专职电工不准乱接或更换熔丝，不准以其他金属丝代替熔丝（保险丝）。

图4-1 严禁在电线上挂东西

（4）严禁在电线上凉衣服和挂其他东西（图4-1）。

（5）不准在高压线下方搭设临建、堆放材料和进行施工作业；在高压线一侧作业时，必须保持6m以上的水平距离，达不到上述距离时，必须采取隔离防护措施。

（6）搬扛较长的金属物体，如钢筋、钢管等材料时，不要碰触到电线。

（7）在临近输电线路的建筑物上作业时，不能随便往下扔金属类杂物；更不能触摸、拉动电线或电线接触钢丝和电杆的拉线。

（8）移动金属梯子和操作平台时，要观察高处输电线路与移动物体的距离，确认有足够的安全距离，再进行作业。

（9）在地面或楼面上运送材料时，不要踏在电线上；停放手推车、堆放钢模板、跳板、钢筋时不要压在电线上（图4-2）。

（10）在移动有电源线的机械设备，如电焊机、水泵、小型木工机械等，必须先切断电源，不能带电搬动。

图 4-2　手推车不得压在电线上

(11) 当发现电线坠地或设备漏电时，切不可随意跑动或触摸金属物体，并保持 10m 以上距离。

二、安全电压

1. 安全电压是指 50V 以下特定电源供电的电压系列

安全电压是为防止触电事故而采用的 50V 以下特定电源供电的电压系列，分为 42V、36V、24V、12V 和 6V 五个等级，根据不同的作业条件，选用不同的安全电压等级（图 4-3）。

2. 特殊场所必须采用安全电压照明供电

以下特殊场所必须采用安全电压照明供电：

(1) 使用行灯，必须采用小于或等于 36V 的安全电压供电。

(2) 隧道、人防工程、有高温、导电灰尘或距离地面高度低于 2.4m 的照明等场所，电源电压应不大于 36V（图 4-4）。

(3) 在潮湿和易触及带电体场所的照明电源电压，应不大于 24V。

(4) 在特别潮湿的场所、导电良好的地面、锅炉或金属容器内工作的照明电源电压不得大于12V。

图4-3 安全电压　　　　图4-4 行灯必须采用安全电压

三、电线的相色

1．正确识别电线的相色

电源线路可分工作相线（火线）、工作零线和专用保护零线，一般情况下，工作相线（火线）带电危险，工作零线和专用保护零线不带电（但在不正常情况下，工作零线也可以带电）。

2．相色规定

一般相线（火线）分为A、B、C三相，分别为黄色、绿色、红色；工作零线为黑色；专用保护零线为黄绿双色线。

四、插座的使用

正确选用与安装插座。

1．插座分类

常用的插座分为单相双孔、单相三孔和三相三孔、三相四孔等。

2．选用与安装接线

（1）三孔插座应选用"品字形"结构，不应选用等边三角形排列的结构，因为后者容易发生三孔互换而造成触电事故。

（2）插座在电箱中安装时，必须首先固定安装在安装板上，接地极与箱体一起作可靠的 PE 保护。

（3）三孔或四孔插座的接地孔（较粗的一个孔），必须置在顶部位置，不可倒置，两孔插座应水平并列安装，不准垂直并列安装。

（4）插座接线要求：对于两孔插座，左孔接零线，右孔接相线；对于三孔插座，左孔接零线，右孔接相线，上孔接保护零线；对于四孔插座，上孔接保护零线，其他三孔分别接 A、B、C 三根相线（图 4-5）。

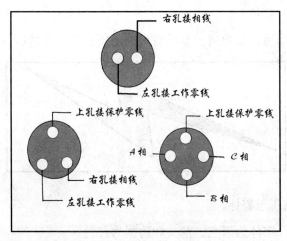

图 4-5

五、"用电示警"标志

正确识别"用电示警"标志或标牌，不得随意靠近、随意损坏和挪动标牌（图4-6）。

图4-6

1．常用的电力标志

颜色：红色。

使用场所：配电房、发电机房、变压器等重要场所（图4-7）。

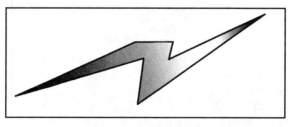

图4-7

2．高压示警标志

颜色：字体为黑色，箭头和边框为红色。

使用场所：需高压示警场所（图4-8）。

图 4-8

3. 配电房示警标志

颜色：字体为红色，边框为黑色（或字与边框交换颜色）。

使用场所：配电房或发电机房（图 4-9）。

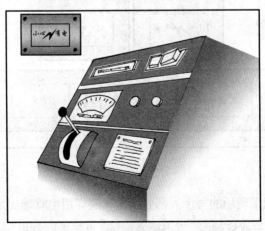

图 4-9

4．维护检修示警标志

颜色：底为红色、字为白色（或字为红色、底为白色、边框为黑色）。

使用场所：维护检修时相关场所（图4-10）。

图4-10

5．其他用电示警标志

颜色：箭头为红色、边框为黑色、字为红色或黑色。

使用场所：其他一般用电场所（图4-11）。

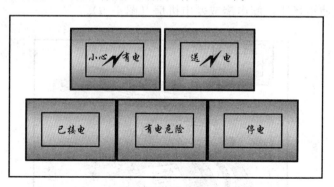

图4-11

进入施工现场的每个人都必须认真遵守用电管理规定，见到以上用电示警标志或标牌时，不得随意靠近，更不准随意损坏、挪动标牌。

第二节　触电事故

施工现场的触电事故主要分为电击和电伤两大类，也可分为低压触电事故和高压触电事故。

电击是人体直接接触带电部分，电流通过人体，如果电流达到某一定的数值就会使人体和带电部分相接触的肌肉发生痉挛(抽筋)，呼吸困难，心脏麻痹，直到死亡；电击是内伤，是最具有致命危险的触电伤害。

电伤是指皮肤局部的损伤，有灼伤、烙印和皮肤金属化等伤害。

一、触电事故的特点

（1）电压越高，危险性越大。

（2）有一定的季节性，每年的二、三季度因天气潮湿、多雨、天气炎热触电事故较多。

（3）低压设备触电事故较多。因施工现场低压设备较多，又被多数人直接使用。

（4）发生在携带式设备和移动式设备上的触电事故多。

（5）在高温、潮湿、混乱或金属设备多的现场中触电事故多。

（6）违章操作和无知操作而触电的事故占绝大多数。

二、触电事故的主要原因

（1）缺乏电气安全知识，自我保护意识淡薄。

（2）违反安全操作规程。

（3）电气设备安装不合格。

（4）电气设备缺乏正常检修和维护。

（5）偶然因素。

第三节 防止触电的安全技术措施

一、电气线路的安全技术措施

施工现场电气线路全部采用"三相五线制"专用保护接零系统供电，主要安全技术措施有：

（1）施工现场架空线采用绝缘铜线。

（2）架空线设在专用电杆上，严禁架设在树木、脚手架上。

（3）导线与地面保持足够的距离。

导线与地面最小垂直距离：施工现场应不小于4m；机动车道应不小于6m；铁路轨道应不小于7.5m。

（4）无法保证规定的电气安全距离，必须采取防护措施。

如果由于在建工程位置限制而无法保证规定的电气安全距离，必须采取设置防护性遮栏、栅栏，悬挂警告标志牌等防护措施，发生高压线断线落地时，非检修人员要远离落地10m以外，以防跨步电压危害。

二、照明用电的安全技术措施

施工现场临时照明用电的安全要求如下：

（1）临时照明线路必须使用绝缘导线。

临时照明线路必须使用绝缘导线，户内（工棚）临时线路的导线必须安装在离地2m以上支架上；户外临时线路必须安装在离地2.5m以上支架上，零星照明线不允许使用花线，一般应使用软电缆线。

（2）建设工程的照明灯具宜采用拉线开关。

拉线开关距地面高度为2～3m，与出、入口的水平距离为

0.15～0.2m。

（3）严禁在床头设立开关和插座。

（4）电器、灯具的相线必须经过开关控制。

不得将相线直接引入灯具，也不允许以电气插头代替开关来分合电路，室外灯具距地面不得低于3m；室内灯具不得低于2.4m。

（5）使用行灯应符合一定的要求：

1）电源电压不超过36V。

2）灯体与手柄应坚固，绝缘良好，并耐热防潮湿。

3）灯头与灯体结合牢固。

4）灯泡外部有金属保护网。

5）金属网、反光罩、悬吊挂钩固定在灯具的绝缘部位上。

三、配电箱与开关箱的安全技术措施

施工现场临时用电一般采用三级配电方式，即总配电箱（或配电室），下设分配电箱，再以下设开关箱，开关箱以下就是用电设备。

配电箱和开关箱的安全要求如下：

（1）配电箱、开关箱的箱体材料，一般应选用钢板，亦可选用绝缘板，但不宜选用木质材料。

（2）电箱、开关箱应安装端正、牢固，不得倒置、歪斜。

固定式配电箱、开关箱的下底与地面垂直距离应大于或等于1.3m，小于或等于1.5m；移动式分配电箱、开关箱的下底与地面的垂直距离应大于或等于0.6m，小于或等于1.5m。

（3）进入开关箱的电源线，严禁用插销连接。

（4）电箱之间的距离不宜太远。

分配电箱与开关箱的距离不得超过30m。开关箱与固定式用电设备的水平距离不宜超过3m。

（5）每台用电设备应有各自专用的开关箱。

施工现场每台用电设备应有各自专用的开关箱，且必须满足"一机一闸一漏"要求，严禁用同一个开关电器直接控制两台及两台以上用电设备(含插座)。

开关箱中必须设漏电保护器，其额定漏电动作电流应不大于30mA，漏电动作时间应不大于0.1s。

（6）所有配电箱门应配锁，不得在配电箱和开关箱内挂接或插接其他临时用电设备，开关箱内严禁放置杂物（图4-12）。

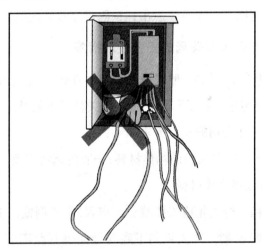

图4-12 禁止一闸多用，箱内禁放杂物

四、配电箱和开关箱的使用要求

（1）在停、送电时，配电箱、开关箱之间应遵守合理的操作顺序：

停电时操作顺序是：关开关箱——关分配电箱——关总配电箱；

送电时操作顺序是：合总配电箱——合分配电箱——合开关箱。

配电箱和开关箱内的开关电器，正常情况下，停电时首先分断自动开关，然后分断闸刀开关，送电时先合闸刀开关，后合自动开关。

（2）使用配电箱、开关箱时，操作者应接受岗前培训，熟悉所使用设备的电气性能和掌握有关开关的正确操作方法。

（3）及时检查、维修，更换熔断器的熔丝，必须用原规格的熔体，严禁用铜线、铁线代替。

（4）配电箱的工作环境应经常保持设置时的要求，不得在其周围堆放任何杂物，保持必要的操作空间和通道。

（5）维修机器停电作业时，要与电源负责人联系停电，要悬挂警示标志，卸下保险丝，锁上开关箱(图4-13)。

图4-13　维修机器必须停电

第四节　手持电动工具安全使用常识

手持电动工具在使用中需要经常移动，其振动较大，比较容易发生触电事故，而且这类设备往往是在工作人员紧握之下运行的，因此，手持电动工具比固定设备更具有较大的危险性。

一、手持电动工具的分类

手持电动工具按触电保护分为Ⅰ类工具、Ⅱ类工具和Ⅲ类工具。

1．Ⅰ类工具（即普通型电动工具）

其额定电压超过50V。工具在防止触电的保护方面不仅依靠其本身的绝缘，而且必须将不带电的金属外壳与电源线路中的保护零线作可靠连接，这样才能保证工具基本绝缘损坏时不成为导电体。这类工具外壳一般都是全金属。

2．Ⅱ类工具（即绝缘结构全部为双重绝缘结构的电动工具）

其额定电压超过50V。工具在防止触电的保护方面不仅依靠基本绝缘，而且还提供双重绝缘或加强绝缘的附加安全预防措施。这类工具外壳有金属和非金属两种，但手持部分是非金属，非金属处有"回"符号标志。

3．Ⅲ类工具（即特低电压的电动工具）

其额定电压不超过50V。工具在防止触电的保护方面依靠由安全特低电压供电和在工具内部不含产生比安全特低电压高的电压。这类工具外壳均为全塑料。

Ⅱ、Ⅲ两类工具都能保证使用时电气安全的可靠性，不必接地或接零。

二、手持电动工具的安全使用要求

（1）一般场所应选用 Ⅰ 类手持式电动工具，并应装设额定漏电动作电流不大于15mA，额定漏电动作时间小于0.1s的漏电保护器。

在露天、潮湿场所或金属构架上操作时，必须选用 Ⅱ 类手持电动工具，并装设漏电保护器，严禁使用 Ⅰ 类手持式电动工具。

（2）负荷线必须采用耐用型的橡皮护套铜芯软电缆。

单相用三芯（其中一芯为保护零线）电缆；三相用四芯（其中一芯为保护零线）电缆；电缆不得有破损或老化现象，中间不得有接头。

（3）手持电动工具应配备装有专用的电源开关和漏电保护器的开关箱，严禁一台开关接两台以上设备，其电源开关应采用双刀控制。

图4—14 严禁不用插头直接将电线的金属丝插入插座

（4）手持电动工具开关箱内应当采用插座连接，其插头、插座应无损坏，无裂纹，且绝缘良好（图 4-14）。

（5）使用手持电动工具前，必须检查外壳、手柄、负荷线、插头等是否完好无损，接线是否正确（防止相线与零线错接）；发现工具外壳、手柄破裂，应立即停止使用进行更换（图 4-15）。

（6）非专职人员不得擅自拆卸和修理工具（图 4-16）。

图 4-15　切勿令插座负荷过重

图 4-16　非专职人员不得擅自拆卸和修理工具

（7）作业人员使用手持电动工具时，应穿绝缘鞋，戴绝缘手套，操作时握其手柄，不得利用电缆提拉。

（8）长期搁置不用或受潮的工具在使用前应由电工测量绝缘阻值是否符合要求。

第五章

机械设备安全常识

　　垂直运输设备具有特定的技术操作要求，司机、指挥、司索等作业人员属特种作业，必须经过培训考核取得《特种作业操作证》才能上岗，其他人员不准随便操作。工人们必须了解塔吊、电梯、井字架等吊运作业的基本安全常识，确保安全施工，避免事故发生。

第一节　垂直运输设备安全常识

　　垂直运输设备作业人员即司机、指挥、司索属国家规定的特种

图5-1　塔吊司机持证上岗

作业,必须经过有关部门培训考核取得《特种作业操作证》,并经过三级教育,考核合格才能上岗,其他人员不准随便操作（图5-1）。

一、塔吊作业安全常识

（1）塔吊吊运作业区域内严禁无关人员入内,吊臂垂直下方不准站人,回转作业区内固定作业点要有双层防护棚（图5-2）。

图5-2　吊臂下方不准站人　　　　图5-3　起吊物上不能坐人

（2）六级以上强风不准吊运物件。

（3）塔吊吊运过程中,任何人不准上下塔吊,更不准作业人员随塔吊吊物上下（图5-3）。

（4）要切实做到起重机"十不吊"。即:

1）超载或被吊物重量不清不准吊;

2）指挥信号不明确不准吊；

3）捆绑、吊挂不牢或不平衡可能引起吊盘滑动不准吊；

4）被吊物上有人或浮置物不准吊；

5）结构或零部件有影响安全的缺陷或损伤不准吊；

6）斜拉歪吊和埋入地下物不准吊；

7）单根钢丝绳不准吊；

8）工作场地光线昏暗，无法看清场地被吊物和指挥信号不准吊；

9）重物棱角处与捆绑钢丝绳之前未加衬垫不准吊；

10）易烧易爆物品不准吊。

（5）作业人员必须听从指挥人员的指挥。吊物提升前，指挥、司索和配合人员应撤离，防止吊物坠落伤人(图5-4)。

图5-4　注意起吊安全

(6) 吊物的捆绑要求：

1) 吊运散件时，应采用铁制料斗，料斗内装物高度不得超过料斗上口边，散粒状的轻浮易撒物盛装高度应低于上口边线10cm，做到吊点牢固，不撒漏。

2) 吊运条状的物件(如钢筋)时，所吊物件被埋置或起吊力不能明确判断时，不得吊运，且不得斜拉所吊物件。

3) 吊运有棱角的物件时，应做好防护措施。

4) 吊运物件时，吊运物重量应清楚，不得超载，且要捆绑，吊挂牢固、平衡。吊运物件上不得站人或有浮置物。

5) 当起重机或周围确认无人时，才可闭合主电源。如电源断路装置上加锁或有标牌时，应由有关人员除掉后方可闭合主电源。

二、施工电梯使用安全常识

(1) 电梯必须经由培训考核取得《特种作业操作证》的专职电梯司机操作，禁止无证人员随意操作。

(2) 六级以上强风时应停止使用电梯，并将梯笼降到底层。台风、大雨后，要先检查安全情况后才能使用。

(3) 多层施工交叉作业，同时使用电梯时，要明确联络信号。

(4) 电梯笼乘人、载物时应使荷载均匀分布，严禁超载使用(图5-5)。

(5) 电梯安装完毕正式投入使用之前，应在首层一定高度的地方搭设防护棚，搭设应按高处作业规范要求进行。

(6) 电梯底笼周围2.5m范围内，必须设置稳固的防护栏杆。各停靠层的过道口运输通道应平整牢固。

（7）通道口处，应安装牢固可靠的栏杆和安全门，并应随时关好。其他周边各处，应用栏杆和立网等材料封闭。

（8）乘笼到达作业层时待梯笼停稳后，才可推开梯笼的门，再推开平台口的防护门，进入平台后，随手关好平台的防护门。

（9）从平台乘梯时，进入梯笼站稳后，先关好平台的安全防护门，然后才关梯笼的门，关好平台的安全门后，司机才能开动。

（10）乘梯人在停靠层等候电梯时，应站在建筑物内，不得聚集在通道平台上，不得将头、手伸出栏杆和安全门外，不得以榔头、铁件、混凝土块等敲击电梯立柱标准节的方式呼叫电梯（图5-6）。

图5-5　施工电梯严禁超载使用　　　图5-6　等候电梯应站在建筑物内

三、井字架使用安全常识

（1）井字架应由专职司机操作，司机应经专门培训并持证上岗，禁止非司机操作开动卷扬机。

（2）井字架用于运送物料，严禁各类人员乘吊盘升降，装卸料人员在安全装置可靠的情况下才能进入到吊盘内工作（图5-7）。

图5-7　禁止人员乘坐吊盘

（3）吊盘上升或停在上方时，禁止进行井架内检修，禁止穿过吊盘底。

（4）在井字架提升作业环境下，任何人不得攀登架体和从架体下面穿过（图5-8）。

（5）在用井架吊运砂浆时，应使用料斗，并放置平稳。若用小斗车直接置于吊盘内装运，则必须设置能将斗车车轮进行制动的装置，且斗车把手及车头不能伸出吊盘边框，并应保持离吊盘外边框20cm距离，以防止吊运时斗车发生位移。

(6) 楼层平台作业口的作业人员，在等待吊盘到达期间，应站在离平台口内侧 50cm 处，严禁在平台内探头观望，以免发生意外。

图 5-8　禁止攀爬架体

(7) 井字架安全装置简介：

1) 安全停靠装置——为防止操作人员在楼层通道进入吊盘装卸物料时，因断绳或吊盘倾斜造成伤亡事故。

2) 断绳保护装置——防止吊盘运行中因断绳可能发生的事故，同时起安全停靠装置的作用。

3) 楼层停靠门——安装在各楼层通道与架体交接处的一种防护装置。预防吊盘运行还没到位时，通道处装卸人员发生的高处坠落事故。

4) 上料口的防护棚——预防运料人员在井字架地面进料口处

停留时，上方物体坠落发生物体打击事故。

5）吊盘安全门——宜采用联锁开启装置，升降运行时安全门封闭吊盘的上料口，防止物料从吊盘中滚落。

6）上极限限位器——预防司机误操作或机械电气故障而引起的吊盘与天梁碰撞的事故。

四、垂直运输设备安装和拆卸常识

（1）垂直运输设备的安装和拆卸必须由有资质的单位完成，要编写拆装方案并经审批，制定安全措施，并由专业技术人员到现场监督。

（2）塔吊、电梯和井架附墙安装或拆除时，配合机械工作业的电焊工及普工，一般均处于高空，临边作业环境，必须按规定系好安全带，不能穿硬底鞋或带钉易滑鞋，电焊工还应检查好电焊机电源线和二次降压保护器，谨防漏电，同时按规定佩戴专用手套及防护罩等防护用品。

（3）塔吊附墙安装时，附墙与塔身标准节插销孔应完全对准后，方可穿入插销螺栓，严禁在孔洞未对准时强行将插销打入，在开始拆除附墙杆件与建筑物和塔身的连接(螺栓或焊接)前，应托牢，避免在拆除连接的过程中，因附墙件自重意外拉断待拆螺栓或焊缝而坠落伤人。

（4）电梯、井架、塔吊附墙件安装或拆除及塔身标准节升降涉及到机械传动或电机方面的操作与连接等，应由专业持证上岗的机械工或电工进行，禁止辅助工乱动，但是当出现安全事故先兆时，任何人均可拉闸断开电源。

第二节 起重吊装安全常识

起重吊装是指建筑工程中，采用相应的机械和设施来完成结构吊装和设备吊装，其作业属高处危险作业，作业条件多变，施工技术也比较复杂。

1. 起重作业现场人员应站在安全位置

起重吊装作业前，应根据施工组织设计要求划定危险作业区域，设置醒目的警示标志，防止无关人员进入。除设置标志外，还应视现场作业环境，专门设置监护人员，防止高处作业或交叉作业时发生落物伤人事故。作业人员应根据现场作业条件选择安全的位置作业，在卷扬机和定滑轮穿越钢丝绳的区域，禁止人员站立和通行（图5-9）。

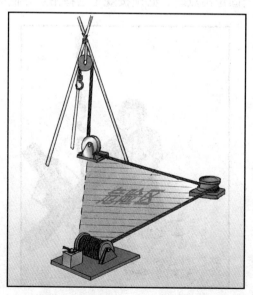

图5-9 危险区域禁止人员站立和通行

2．吊装过程中必须设专人指挥

起重吊装工作属专业性强、危险性大的工作，吊装过程中必须设专人指挥，并应由有经验的人员担任指挥，其他人必须服从指挥。起重指挥不准兼作司索工，应认真观察周围环境，确保信号正确无误。

起重机在地面，吊装作业在高处作业的条件下，必须专门设置信号传递人员，以确保司机清晰准确地看到和听到指挥信号。

3．不准起吊不明重量和埋于地下、粘在地面的重物

吊物之前必须清楚物件实际重量，不准起吊不明重量和埋于地下、粘在地面的重物（图5-10）。

吊点选择应与重物的重心在同一垂直线上，且吊点应在重心之上，使重物垂直起吊，禁止斜吊。

当重物无固定吊点时，必须按规定选择吊点并捆绑牢靠，使重

图5-10　不能起吊不明重量物体

物在吊运过程中保持平衡和吊点不产生位移。

4．构件堆放注意事项

构件堆放应平稳，底部按设计设置垫木。楼板堆放高度一般不应超过1.6m。

重心较高的构件(如屋架、大梁等)，除在底部设垫木外，还应在两侧加设支撑，或以方木、钢丝将其连成一体，提高其稳定性，侧向支撑沿梁长度方向不得少于三道。

禁止无关人员在堆放的构件中穿行，防止发生构件倒塌挤人事故。

5．结构吊装应设置防坠落措施

起重吊装于高处作业时，应按规定设置安全措施防止高处坠落。结构吊装时，可设置移动式节间安全平网，随节间吊装平网可平移到下一节间，以防护节间高处作业人员的安全。高处作业规范规定："屋架吊装以前，应预先在下弦挂设安全网，吊装完毕后，即将安全网铺设固定"。

6．使用常用起重工具注意事项

手动倒链：操作人员应经培训，吊物时应挂牢后慢慢拉动倒链，不得斜向拽拉。当一人拉不动时，应查明原因，禁止多人一齐猛拉。

手搬葫芦：操作人员应经培训，使用前检查自锁夹钳装置的可靠性，当夹紧钢丝绳后，应能往复运动，否则禁止使用。

千斤顶：操作人员应经培训，千斤顶置于平整坚实的地面上，并垫木板或钢板，防止地面沉陷。顶部与光滑物接触面应垫硬木防止滑动。开始操作应逐渐顶升，注意防止顶歪，始终保持重物的平衡。

第三节　中小型施工机械安全常识

在施工现场，操作中小型机械要先经过操作培训，取得操作证才能操作。使用施工机械必须经管理人员许可，未经许可任何人不得擅自使用机械。同时，使用机械前，必须对机械进行检查和试运转。如发现有不符合使用要求的地方，不得使用，一定要经过维修，排除故障、消除隐患后，才能使用。在使用机械设备的过程中，必须严格遵守安全操作规程，严禁违章操作，操作人员在作业时不得擅自离开工作岗位。

一、中小型施工机械的分类和基本要求

建筑施工中常用的中小型机械可分为下面几类：

（1）混凝土（砂浆）机械，如：混凝土搅拌机、配料机、输送泵、振捣器等。

（2）钢筋加工机械，如：钢筋切断机、弯曲机、冷拉机等。

（3）木工机械，如：圆盘锯。

（4）潜水泵、打夯机、砂轮机等其他机械。

二、使用和操作中小型机械安全常识

企业应提供符合作业安全要求的机械设备和工作环境，任何人员都不得强迫工人违章冒险作业。否则，工人有权拒绝并投诉。

三、混凝土（砂浆）搅拌机

混凝土（砂浆）搅拌机是制备混凝土（砂浆）的专用机械。搅拌机上发生的事故大多在料斗和搅拌筒两个部位。

搅拌机一定要安装平稳、牢靠。对固定式搅拌机应用螺栓同机

座连接，并搭设操作台、棚；对移动式搅拌机应用方木或撑架架牢，不准以轮胎代替支撑。

作业前注意事项：

（1）对搅拌机进行班前检查和试运转，确认机械状况良好后才能进行作业。

（2）检查的主要内容有：

离合器、制动器是否灵活可靠，钢丝绳断丝、磨损是否超标，钢丝绳卡头、螺栓等连接件有无松动，变速箱有无异常噪声，拖轮等机件是否运转正常，料斗上下限位是否灵敏可靠。检查完毕后应进行空车试运转。

作业过程中主要应注意以下事项：

（1）开机前要注意观察在料斗运行范围内及搅拌筒、搅拌斗内有无人员，以免开机后误伤他人。

（2）操作人员在作业过程中不准离岗，离岗一定要切断电源，并锁好电箱。

（3）机械运转过程中，严禁将头或手伸入料斗与机架之间查看或探摸作业情况，不得用铲子或钢管等物件插入运转的滚筒内(图5-11)。

（4）料斗升起后，严禁任何人员在其下方通过或工作。清理料斗坑底时，必须切断电源，锁好电箱，挂上料斗保险钩或插上保险插销。

（5）运转中发生故障或停电不能工作时，应立即切断电源，清除搅拌筒内的剩料。

（6）如需人进入筒内检修或清除剩料，必须先断电源，锁好电

图 5-11　搅拌机运转时，不得用铲子或钢管等物件插入滚筒

箱，并在有专人监护的情况下，方能进入筒内。

四、混凝土振捣器

混凝土振捣器作业环境潮湿，且经常移动，因此要特别防止触电事故。

使用时应注意以下事项：

（1）使用前，应检查各部位连接是否固定，旋转方向是否正确。

（2）振捣器不能在初凝的混凝土、地板、脚手架、道路和干硬的地面上试振。在检修或作业间断时，应切断电源。

（3）操作时，振捣棒应自然垂直地沉入混凝土，不能用力硬插、斜推，或使钢筋夹住棒头，不能全部插入混凝土中。

（4）作业时，振动电机应有足够长的导线和松度，严禁移动振

图5-12 严禁用电缆线拉振捣器

捣器时拉电缆线（图5-12）。

（5）作业时，操作人员须穿胶鞋，带绝缘手套。

（6）严禁使用振动棒在钢筋上振动。

（7）用绳拉平板振捣器时，拉绳应干燥绝缘，移动或转向时不得用脚踢电动机。

五、钢筋切断机

钢筋切断工作时的危险主要有：传动部位（皮带轮、开式齿轮）无防护罩，作业时伤害人的手指等身体部位或皮带断裂弹出伤人；手指等身体部位不慎进入刀口受到伤害；切断的钢筋崩出或摆动伤人以及触电等。

使用钢筋切断机应注意以下事项：

（1）启动后，先空运转，检查各部传动及轴承运转正常。

（2）机械未达到正常转速不得切料，切断时必须使用刀刃的中下部剪切。

（3）钢筋切断应在调直后进行，断料时要握紧钢筋，使钢筋和刀口垂直，并在活动刀片向后退时将钢筋送进刀口，防止钢筋末端摆动或崩出伤人。

（4）切断钢筋时，手和刀刃之间的距离应保持在15cm以上。如手握端小于40cm时，应用夹具或套管将钢筋端头压牢，不得用手直接送料（图5-13）。

图5-13　不得用手直接送料

（5）运转中严禁用手直接清除刀口上的断头或杂物。

（6）发现机械运转不正常，有异响或刀片歪斜等情况应立即停机检修。

六、钢筋弯曲机

使用时应注意：

（1）检查芯轴、挡块、转盘应无损坏和裂纹。防护罩紧固可靠，经空转确认正常后方能作业。

（2）作业时注意力要集中，要熟悉开关的控制方向，不得转反。

（3）操作时，钢筋需弯的一头插在转盘固定销的间隙内，另一端紧靠机身固定销，并用手压紧，检查机身销子确实在挡住钢筋的一侧，方可开机。

（4）机械运转中，严禁更换芯轴、销子和变换角度以及调速等作业，也不得加油或清扫。

（5）严禁在弯曲钢筋的作业半径内或机身不设固定销的一侧站人。

（6）转盘换向时，须在停机后进行，不能直接从正转到反转或从反转到正转。

七、钢筋冷拉机

进行钢筋冷拉时，钢筋被拉断、夹具滑脱、卷扬机固定不牢等将对操作人员或他人造成伤害。因此，钢筋冷拉时应注意：

（1）卷扬机的位置必须使操作人员能见到全部冷拉场地，距离中线不少于5m。

（2）冷拉场地在两头地锚外要设置警戒线，设栏杆防护和警示牌（图5-14），严禁非作业人员在此停留，操作人员在作业时必须离开钢筋2m以外。

（3）冷拉应缓慢、均匀地进行，随时注意停车。见有人进入拉区时应停拉，并稍稍放松钢丝绳。

（4）夜间工作照明设施应设在张拉区外，如须设在工作场地上空，其高度应超过5m。

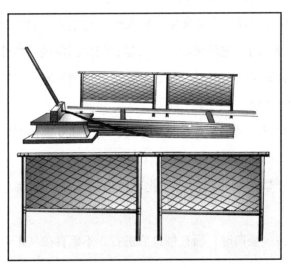

图5-14　设置警戒线，栏杆防护和警示牌

八、圆盘锯

作业前应检查安全防护装置是否齐全有效。

（1）锯片必须平整，锯齿尖锐，不得连续缺齿2个，裂纹长度不得超过20mm。

（2）被锯木料厚度，以锯片能露出木料10～20mm为限。

（3）启动后，须等转速正常后，方可进行锯料。

（4）送料时，不得将木料左右晃动或高抬，遇木节时要缓慢送料。锯料长度不小于500mm。接近端头时，应用推棍送料。

（5）若锯线走偏，应逐渐纠正，不得猛扳。

（6）操作人员不应站在与锯片同一直线上操作（图5-15）。手臂不得跨越锯片工作。

图5-15　操作人员不应站在与锯片同一直线上操作

九、潜水泵

潜水泵用于水下抽水，若设备安全状况不好，使用不当，容易发生触电事故。因此使用潜水泵应注意：

（1）潜水泵作业时要使用高灵敏度的漏电保护器（额定动作电流小于15mA，额定动作时间小于0.1s）（图5-16）。

（2）潜水泵应放在坚固的筐内置于水中，或设坚固的护网。

（3）潜水泵要直立的放在水中，水深不得小于0.5m。

（4）潜水泵不能当作污水泵使用。

（5）泵放入水中或提出水面时要先断电，严禁提拉电缆或出水管（图5-17）。

图5-16　潜水泵作业时要使用高灵敏度的漏电保护器

图5-17　泵放入水中或提出水面时应先断电，严禁提拉电缆或出水管

（6）严禁抽水时人在同一片水中工作。人下水前，一定要切断电源。

十、砂轮机

砂轮机使用时要注意防止触电事故和砂轮伤人和碎物伤人，如砂轮崩裂碎片飞出伤人、磨削物飞入眼内等。

（1）砂轮机严禁安装倒顺开关，以免引起误操作（图5-18）。

（2）砂轮的旋转方向禁止对着主要通道。

（3）操作者应站在砂轮侧面。

（4）不准两人同时使用一个砂轮。

（5）砂轮不圆，有裂纹和损坏时不得使用。

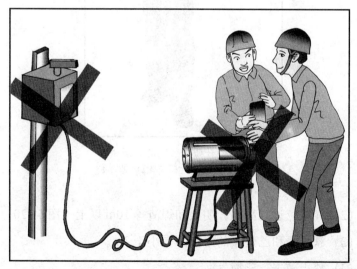

图5-18　砂轮机严禁安装倒顺开关，不准两人同时使用一个砂轮

十一、气瓶

（1）在搬运气瓶时，应用专门的抬架或小推车，不得肩背手扛。禁止直接使用钢丝绳、链条（图5-19）。

图5-19 在搬运气瓶时，应用专门的抬架或小推车，不得肩背手扛

（2）气瓶应远离高温、明火和焊渣等10m以上（图5-20）。

（3）氧气瓶和乙炔瓶的距离不得小于3m。

（4）禁止敲击、碰撞气瓶。

（5）乙炔瓶要立放不能卧倒，严禁卧倒使用。

（6）作业人员工作时不得吸烟。

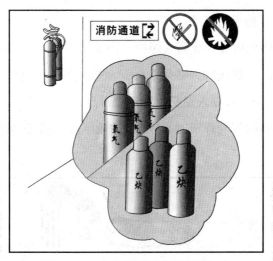

图 5-20 气瓶的放地方要严禁烟火

十二、电焊机

（1）电焊机应有完整的防护外壳，一、二次接线柱处应有保护罩。焊机外壳必须有良好接地。

（2）电焊机应由装有二次降压漏电保护器的开关箱控制。其电源装拆应由电工进行。

（3）焊机要有防雨、防潮、防晒的机棚，并设置灭火器。

（4）焊接现场10m范围内，不得堆放油类、木材、氧气瓶、乙炔发生器等易燃、易爆物品。

（5）焊钳与把线必须绝缘良好，连接牢固。

（6）更换焊条要戴手套。

（7）在潮湿地点工作，要站在绝缘胶板或木板上。

（8）移动焊机时，应先切断电源，不要用拖拉电缆的方法移动焊机。

（9）不能手持把线爬梯登高。

（10）雷雨时要停止露天焊接（图5-21）。

（11）高空焊接时，必须系好安全带，焊接周围和下方应采取防火措施，并要有专人监护（图5-22）。

（12）清除焊缝焊渣时，应戴防护眼睛，头部应避开敲击焊渣飞溅方向。

图5-21 雷雨时应停止露天焊接作业

图5-22 焊接周围和下方应采取防火措施，并应有专人监护

第四节 桩机安全常识

根据国家规定，桩机施工属于特种作业范畴，桩机作业人员必须持证上岗，打入桩操作工不得少于5人，冲（钻）桩操作工不得少于3人。非专业人员不准操作桩机作业。

目前使用较多的是电动落锤打桩机、冲孔桩机、柴油打桩机、钻孔桩机和静压桩机等。

桩机安全常识有：

（1）凡进入施工现场，一律要戴安全帽，不准赤脚或穿拖鞋。

（2）打桩作业人员必须持证上岗，严禁酒后操作。

（3）桩机作业或桩机移位时，要有专人统一指挥。

（4）桩机机架上必须配有1211灭火器。

（5）空旷场地上施工的桩机要有防雷装置。

（6）施工场地要平整压实，在基坑和围堰内作业，要配备足够的排水设备。

（7）桩机行走的场地要填平夯实，大方木铺设要平稳，每条大方木不宜短于4m。

（8）桩机周围5m以内严禁闲人进入，记录监视人员应距桩锤中心5m以外。

（9）不准利用桩架斜吊钢筋笼、枕木或预制杆件。

（10）作业时，严禁用脚代手进行操作（图5-23）。

（11）不得坐在或靠在卷扬机或电气设备上休息，严禁跨越工作中的牵引钢丝绳，严禁用手抓住或清理滑轮上正在运动的钢丝绳，严禁用手或脚拨弄卷筒上正在运行的钢丝绳。

（12）在桩架顶等地方进行高空作业时，必须系好安全带或安全绳，桩机应停止运转，等高空作业人员下来后，方可重新开机。

（13）桩机在起吊桩锤、桩、钢筋笼等重物或桩架时，在重物下面和拔杆的下风处严禁站人。

（14）禁止边打桩作业，边焊接修理桩架。

（15）吊料、吊桩、行走和回转等动作，严禁两个动作同时进行。

（16）作业人员不准擅自离开岗位。

（17）成孔后，必须将孔口加盖保护。

（18）吊钩必须选用专用吊钩并有钢丝绳防脱保护装置。

（19）卷扬机卷筒应有防脱绳保护装置。

（20）不准使用断股、断丝的钢丝绳，卷筒排绳不得混乱，绳端固定必须符合要求，传动部分的钢丝绳不准接长使用。

图 5-23　桩机施工必须注意安全

第六章

施工危险作业安全常识

　　施工现场是事故的多发地，现场有一些危险性较大的作业更是容易发生事故，因此工人对危险作业必须有一定的了解，掌握这些施工的安全要求，确保安全。

第一节　土方工程安全常识

一、土方工程及基坑支护作业的概念

　　（1）土方作业是基础施工的重要内容，是指通过人工或机械施工挖出基坑或基槽及土方回填的过程。

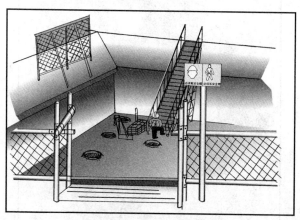

图6-1　基坑必须做好防护

（2）基坑支护作业：是指基础工程施工常因受场地的限制不能放坡而采用护壁桩、地下连续墙、设置土层锚杆、大型工字钢支撑基础边坡等保护措施。

（3）深基坑作业：一般是指开挖深度大于5m及其以上或地质情况较复杂其深度不足5m的工程（图6-1）。

（4）土方工程及基坑支护工程的典型事故是土方坍塌，基坑支护边坡失稳坍塌，以及深基坑周边防护不严而发生高处坠落事故。

二．土方坍塌事故的预防

（1）施工人员必须按安全技术交底要求进行挖掘作业。

（2）土方开挖前必须做好降（排）水，防止地表水，施工用水和生活废水侵入施工场地或冲刷边坡。

图6-2　挖土严禁掏挖

（3）挖土应从上而下逐层挖掘，土方开挖应遵循"开槽支撑，先撑后挖，层层分挖，严禁掏（超）挖"的原则（图6-2）。

（4）坑(槽)沟必须设置人员上下通道或爬梯。严禁在坑壁上掏坑攀登上下。

（5）开挖坑(槽)沟深度超1.5m时，必须根据土质和深度放坡或加可靠支撑。

（6）土方深度超过2m时，周边必须设两道护身栏杆，危险处夜间设红色警示灯。

（7）配合机械挖土、清底、平地修坡等作业时，不得在机械回转半径以内作业。

（8）作业时要随时注意检查土壁变化，发现有裂纹或部分塌

图6-3　发现裂纹必须及时采取措施

方，必须采取果断措施，将人员撤离，排除隐患，确保安全(图6-3)。

(9) 坑(槽)沟边 1m 以内不准堆土、堆料、不准停放机械。

三、预防深基坑、基坑支护边坡失稳坍塌的安全常识

(1) 深基坑施工前，作业人员必须按照施工组织设计及施工方案组织施工。

(2) 深基坑施工前，必须掌握场地的工程环境，如了解建筑地块及其附近的地下管线、地下埋设物的位置、深度等。

(3) 雨期深基坑施工中，必须注意排除地面雨水，防止倒流入基坑，同时注意雨水的渗入，土体强度降低，土压力加大造成基坑边坡坍塌事故。

(4) 基坑内必须设置明沟和集水井，以排除暴雨突然而来的明水。

图6-4 边坡或基坑四周禁止堆放材料或设备

（5）严禁在边坡或基坑四周超载堆积材料、设备以及在高边坡危险地带搭建工棚（图6-4）。

（6）施工道路与基坑边的距离应满足要求，以免对坑壁产生扰动。

（7）深基坑四周必须设置两道1.2m高的防护围栏，防护围栏应牢固可靠，底部一道应设置踢脚板，以防落物伤人。

（8）深基坑作业时，必须合理设置上下行人扶梯或其他形式通道，扶梯结构牢固，确保人员上下方便（图6-5）。

（9）基坑内照明必须使用36V以下安全电压，线路架设符合施工用电规范要求。

（10）基坑作业时，土质较差且施工工期较长的基坑，边坡宜采用钢丝网、水泥或其他材料进行护坡。

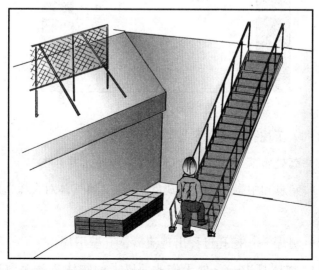

图6-5　深基坑须设置上下行人通道

第二节　人工挖孔桩作业安全常识

一、人工挖孔桩作业的概念

（1）人工挖孔桩是指采用人工挖成井孔，然后往孔内浇灌混凝土成桩载重，主要用于高层建筑和重型构筑物，一般孔径在1.2～3m，孔深在5～30m（图6-6）。

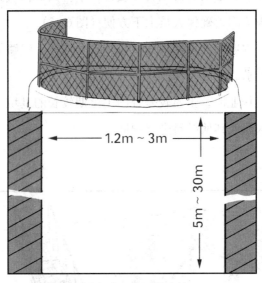

图6-6　人工挖孔桩

（2）人工挖孔桩工程容易造成的事故：

1）高处坠落——作业人员从作业面坠落井孔内。

2）窒息和中毒——孔内缺氧、有毒有害气体对人体造成重大伤害。

3）坍塌——挖孔过程出现流砂、孔壁坍塌。

4）物体打击——处于作业面以上的物体坠落砸到身体的

某个部位。

二、人工挖孔桩作业安全常识

（1）严格施工队伍管理，施工人员必须经过安全培训，严格按施工方案进行。

（2）施工现场必须备有氧气瓶、气体检测仪器。

（3）施工人员下孔前，先向孔内送风，并检测确认无误，才允许下孔作业（图6-7）。

图6-7　下孔前须先向孔内送风，并检测气体

（4）施工所用的电气设备必须加装漏电保护器，孔下施工照明必须使用24V以下安全电压。

（5）采用混凝土护壁时，必须挖一节，打一节，不准漏打（图6-8）。

图6-8　混凝土护壁必须挖一节打一节

(6) 孔下人员作业时，孔上必须设专人监护，监护人员不准擅离职守，保持上下通话联系。

(7) 发现情况异常，如地下水、黑土层和有害气味等，必须立即停止作业，撤离危险区，不准冒险作业。

(8) 每个桩孔口必须备有孔口盖，完工或下班时必须将孔盖盖好。

(9) 作业人员不得乘吊桶上下，必须另配钢丝绳及滑轮，并设有断绳保护装置（图6-9）。

(10) 挖孔作业人员，在施工前必须穿长筒绝缘鞋，头戴安全帽，腰系安全带，井下设置安全绳。

(11) 井口周边必须设置不少于周边3/4的围栏，护栏高度不低于80cm，护栏外挂密目网（图6-10）。

(12) 作业人员严禁酒后作业，不准在孔内吸烟，不准带火源下孔。

(13) 井孔挖出的土方必须及时运走,孔口周围1m内禁止堆放泥土、杂物,堆土应在孔井边 1.5m 以外。

(14) 井下操作人员应轮换工作,连续工作不宜超过 4 小时。

(15) 井孔挖至5m以下时,必须设置半圆防护板,遇到起吊大块石时,孔内人员应先撤至地面。

图 6-9　人员不得乘吊桶上下

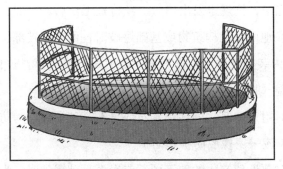

图 6-10　井口周边必须设置围栏

第三节   爆破作业安全常识

一、爆破作业的概念

（1）爆破工程是指在基础工程施工中，常会遇到顽石或岩石等需要爆破作业来解决。

（2）爆破施工危险大。导致爆破工程事故的原因主要有两种：

1）对爆破材料的品种和特性以及运输与贮存情况不了解，导致装卸、搬运不当引起爆炸造成伤害。

2）对引爆材料的选择及其引爆方法等不了解或使用不当造成爆炸。

二、预防爆破事故的安全措施

（1）具有爆破资格的单位才有资格从事爆破工程。爆破工程施工前，施工方案必须报有关部门审批后才能实施。

（2）爆破工程应由具有资格的特种操作人员操作，从事配合工作的辅助工，不能从事装药、引爆等工作。

（3）实施爆破时，放炮区要设置警戒线，设专人负责指挥，待装药堵塞完毕，按规定发出信号，经检查无误后，方准放炮。

（4）在地面以上构筑物或基础爆破时，可在爆破部位上铺盖草垫和草袋(内装少量砂土)，作为第一防护线，最后再用帆布将以上两层整个覆盖，胶帘(垫)和帆布应用钢丝或绳索拉捆牢。

（5）对附近建筑物的地下顽石或岩石基础爆破，为防止大块抛掷爆破体，应采用橡胶防护垫防护。

（6）对邻近建筑物的地下顽石或岩石基础爆破时，为在爆破时使周围的建筑物不被打坏，也可在其周围用厚度不小于50mm的坚固木板加以防护，并用钢丝捆牢，与炮孔距离不小于500mm。如果爆破体靠近钢结构或需保留的部分，必须用砂袋(厚度不小于500mm)，加以防护（图6-11）。

图6-11　爆破前做好平面防护和立面防护

第四节　附着升降脚手架安全常识

一、附着升降脚手架的特点

（1）附着升降脚手架是指通过附着于建筑物，依靠自身提升设备实现架体升降，满足施工需要的一种悬空脚手架。

（2）附着升降脚手架结构构造简单，省工省料，操作方便，有利于文明施工管理，经济效益比较好，一般比落地式钢管脚手架节约费用约 50%~60%。

（3）附着升降脚手架是用于高层建筑的外脚手架，作为一种高空施工设施，万一出现坠落意外，容易造成群死群伤事故。

（4）附着升降脚手架安全度要求很高，必须有可靠的防坠落装置，防倾斜装置，其设计、制作、使用的要求非常严格（图6-12）。

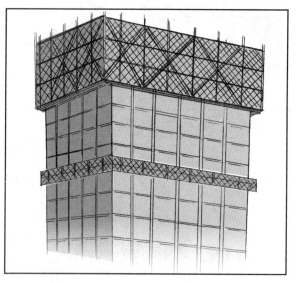

图6-12　附着升降脚手架

二、附着升降脚手架作业安全常识

（1）附着升降脚手架的安装及升降作业人员属特种作业人员，必须经过专业培训及专业考试，合格后持证上岗。

（2）附着升降脚手架的施工人员，上岗前须接受安全教育，避免出现违章蛮干现象。

（3）附着升降脚手架属高危险作业，在安装、升降、拆除时，应划定安全警戒范围，并设专人监督检查。

（4）脚手架升降时人员不能站在脚手架上面，升降到位后也不能立即上人，必须把脚手架固定可靠，并达到上人作业的条件方可上人（图6-13）。

图6-13   禁止升降时候人站在上面

（5）附着升降脚手架搭设完毕或升降完毕后，应进行整体验收，特别是防坠、防倾装置必须灵敏可靠、齐全。

（6）脚手架升降过程要有专人指挥、协调。施工时，脚手架严禁超载，物料堆放要均匀，避免荷载过于集中。

（7）脚手架每层必须满铺脚手板和踢脚板，架子外侧应全封闭防护立网，作业层架体与墙之间空隙必须封严，特别是最底部作业层，宜采用活动翻板，以防止落人落物。

（8）在脚手架上作业时，应注意随时清理堆放、掉落在架子上的材料，保持架面上规整清洁，不要乱放材料、工具，以免发生坠落伤人。

第五节　拆除工程安全常识

拆除工程应自上而下进行，先拆非承重部分，后拆承重部分。施工中不但要确保人员的安全，还应确保未拆除部分的稳定。

一、拆除施工前的准备工作

（1）清除拆除倒塌范围内的物质、设备。

（2）将电线、燃气管道、水管、供热设备等干线与该建筑物的支线切断或迁移。

（3）检查周围危旧房，必要时进行临时加固。

（4）向周围群众发出安民告示，在拆除危险区周围应设禁区围栏、警戒标志，派专人监护，禁止非拆除人员进入施工现场。

二、拆除工程作业的安全要求

（1）拆除作业应严格按拆除方案进行。

（2）施工人员进行拆除工作时，应该站在专门搭设的脚手架上或者其他稳固的结构部分上进行操作。

（3）拆除建筑物应该自上而下依次进行，禁止数层同时拆除（图6-14）。

图6-14　拆除工程应自上而下进行

（4）拆除建筑物的栏杆、楼梯和楼板等，应该和整体程度相配合，不能先行拆除。

（5）建筑物的承重支柱和横梁，要等待它所承担的全部结构和荷重拆除后才可以拆除。

（6）拆除轻型结构屋面工程时，严禁施工人员直接踩踏在轻型结构板上进行工作，必须使用移动板梯，板梯上端必须挂牢，防止高处坠落。

（7）拆除工程必须有专业技术人员现场监督指导。

（8）拆除过程中，为确保未拆除部分建筑的稳定，应根据结构特点，有的部位应先进行加固，再继续拆除，且有专业技术人员现场监督指导。

（9）拆下的物料不准在楼板上乱堆乱放，不准向下抛掷。

图6-15　拆下物料及时运走

（10）拆除较大构件要用吊绳或起重机吊下运走，散碎材料用溜放槽溜下，清理运走（图6-15）。

三、用推倒法拆除墙时的注意事项

拆除建筑物一般不宜采用推倒方法，遇到特殊情况墙体需要推倒时，必须遵守以下规定：

（1）人员应避至安全地带。

（2）砍切墙根的深度不能超过墙厚的1/3，墙的厚度小于两块半砖的时候，不许进行掏掘。

（3）为防止墙壁向掏掘方向倾倒，在掏掘前，要用支撑撑牢。

（4）建筑物推倒前，应发出信号，待所有人员远离建筑物高度两倍以上的距离后，方可进行。

（5）在建筑物推倒倒塌范围内有其他建筑物时，严禁采用推倒方法。

第七章

主要工种安全常识

劳务工经常从事模板工、混凝土工、装卸搬运工、油漆工、防水工、钢筋工、瓦工、抹灰工等作业，对这些主要工种的安全生产常识应该有很好的了解。

第一节 模板工作业安全常识

为了建造各种钢筋混凝土构件，在浇筑混凝土前，必须按照构件的形状和规格安装坚固的模板，使它能够承受施工过程给予它的各种荷载，确保混凝土浇筑作业的进行。

模板工作业的常见事故是：选配模板时的触电和机械伤害，模板安装和拆除中的高处坠落和物体打击，混凝土浇筑过程中的模板和支撑系统坍塌。施工作业中都要切实预防。

一、模板工作业安全常识

（1）模板的支柱底部必须用木板垫牢，上下端固定牢靠。

安装模板应该按照施工方案规定的程序进行，本道工序模板未固定之前，不能进行下一道工序的施工。模板的支柱必须支撑在牢靠处，底部用木板垫牢，不准使用脆性材料铺垫。立柱要站直，上下端固定牢靠，保证立柱不下沉，而且上下端都不移位（图7-1）。

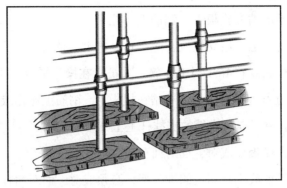

图 7-1

（2）沿立柱的纵向及横向加设水平支撑和剪刀撑。

当下层楼板未达到规定强度要求的情况下，支设上层模板时，下层的模板支柱不能提前拆除。

为保证模板的稳定性，除按照规定加设立柱外，还应在沿立柱的纵向及横向加设水平支撑和剪刀撑（图 7-2）。

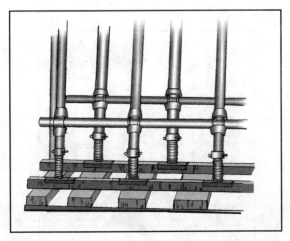

图 7-2

（3）不准站在模板上、钢筋上作业。

支模时，上下层立柱应在同一垂直线上，使其受力合理。

当模板高度在4m以上时，施工人员应在操作平台上作业；不足4m的，可在高凳上作业。不准站在模板上、钢筋上操作或在梁底模板上行走，更不准从模板的支撑杆上上下攀登。

（4）大模板要成对、面对面存放。

大模板堆放应有固定的堆放架，必须成对、面对面存入，防止碰撞或大风刮倒。大模板的拆除作业，应注意模板的稳定性，防止碰撞。

（5）拆除模板必须经工地负责人批准。

模板拆除前，必须确认混凝土强度已经达到要求，经工地负责人批准，方可进行拆除。

拆除模板时应按照规定的顺序进行，并有专人指挥。高处拆除的模板和支撑，不准乱放。

图7-3　禁止无关人员进入拆模现场

（6）禁止无关人员进入拆模现场。

拆模现场要有专人负责监护，禁止无关人员进入拆模现场。

禁止拆模人员在上下同一垂直面上作业，防止发生人员坠落和物体打击事故（图7-3）。

（7）不准采用大面积撬落的方法拆除钢模板（图7-4）。

拆除钢模板时不准采用大面积撬落的方法，防止伤人和损坏物料。

图7-4　不准采用大面积撬落的方法拆除钢模板

（8）不能留有悬空模板。

大面积模板拆除作业前，应在作业区周边设围挡和醒目标志，拆下的模板应及时清理、分类堆放。

不能留有悬空模板，防止突然落下伤人。

二、高支模作业安全常识

高支模是指支模高度大于或等于 4.5m 时的支模作业。高支模中，大型桥梁或特殊结构的支模高度通常都有几十米高，部分可能更高，不但个别作业人员因高处坠落会发生伤亡，若作业中支模系统发生坍塌，就会造成其上作业人员群死群伤的重大伤亡事故。因此，施工作业中，除遵守模板工一般安全常识外，还必须认真按高支模的要求作业，切实预防各类事故发生。

（1）每一项高支模工程，都要选用合乎要求的材料，并经专业技术人员针对地基基础和支模体系进行设计计算，编制施工方案。

（2）高支模作业时，要认真执行施工方案，确保支模体系稳固可靠。支模作业初步完成后，要进行认真检查验收，确认无误才算完成。支模时，下方不应有人，禁止交叉作业，防止物体打击。

（3）高支模的支模架一般采用钢管架体系，由架子工搭设。模板工配合作业时，也要按要求穿工作服，系好袖口与绑腿，系好安全带，戴好安全帽。

（4）支模要有操作平台，上下应有斜道，临边和斜道都要按规定做好防护。

（5）模板上堆放材料应固定其位置，防止大风刮落。而且堆放材料与设备不能过多和超重。

（6）混凝土浇筑中要指派专人对支模体系进行监护，发现异常情况，应立即停工，作业人员马上离开现场。险情排除后，经技术责任人检查同意，方可继续施工。

第二节 混凝土工作业安全常识

混凝土浇筑作业，常易发生高处坠落、触电、坍塌事故。作业中应注意：

（1）浇筑混凝土要穿胶质绝缘鞋、戴绝缘手套。使用的混凝土振动器要在3m内设有专用开关箱。夜间施工要有足够照明(图7-5)。

图7-5 楼面混凝土施工现场

（2）浇筑混凝土用串筒、溜槽，要连接牢固，操作平台周边设防护栏杆。

（3）浇筑拱型结构，要两边对称浇筑，防偏压造成坍塌；浇筑料仓漏斗形结构，要先将下口封闭，防高坠；浇筑离地面2m以上框架、过梁、雨篷、小平台，要站在操作平台上作业。不得站在模板和支撑杆上作业。

（4）垂直运输采用井架时，手推车车把不得伸出笼外，车轮前后应挡牢，并要稳起稳落。

（5）泵送混凝土时，输送管道接头应紧密可靠，不漏浆，安全阀必须完好，管道支架要牢固。正式输送前先试送，检修前必须卸压。

第三节　　装卸搬运工作业安全常识

装卸搬运作业容易发生砸伤、碰伤、扭伤等伤害。搬运粉状货物还要注意防尘肺病。搬运易燃易爆、化学危险品还要注意预防火灾、爆炸事故。作业中应注意：

（1）单人搬运时，要注意腿曲、腰部前倾，多发挥腿部力量（图7-6）；

双人抬运时，扛子上肩要同起同落；

多人抬运时，要有专人喊号子，同时起落，抬运中步伐一致。

图7-6　搬运物料须有正确姿势

（2）用手推车搬运货物，注意平稳，掌握重心，不得猛跑或撒把溜放。前后车距，平地时不小于2m，下坡时不小于10m（图7-7）。

（3）用汽车装运货物，在车辆停稳后方可进行，货物要按次序堆放平稳整齐。在斜坡地面停车，要将车轮填塞住（图7-8）。

图7-7　手推车搬运货
物注意平稳，掌握重心

图7-8　在斜坡地面
停车，要将车轮填塞住

（4）装运有扬尘的垃圾要撒水湿润，装运白灰、水泥等粉状材料要戴口罩。

（5）装运化学危险品(如炸药、氧气瓶、乙炔气瓶等)和有毒物品时，要按安全交底的要求进行作业，并由熟练工人进行。作业中要轻拿轻放，互不碰撞，防止激烈振动。要按规定穿工作服，戴口罩和手套。

第四节　油漆工、防水工作业安全常识

油漆、防水作业容易发生中毒窒息、火灾事故。作业中应注意：

（1）油漆材料和防水材料通常都具有毒性、刺激性或易燃易爆性，必须设专用库房存放，且不得与其他材料混放。易挥发性的油漆、防水材料必须存在密闭容器，设专人保管。

库房应有良好通风，设置消防器材，并在醒目位置悬挂"严禁烟火"标志，严禁住人，与其他建筑物保持安全距离（图7-9）。

图7-9　库房应通风良好，配置消防器材

（2）施工作业中，要尽可能保持良好通风；按规定戴防护口罩、防护眼镜或专门防护面罩；作业人员禁带火种，严禁明火与吸烟；每间隔1～2小时就应到室外空气新鲜地方换气；感到头痛、恶心、胸闷、心悸应停止作业，立即到室外换气（图7-10）。

（3）在密闭缺氧空间内作业(如罐体内油漆，建筑水箱防水等)，要有专人监护，有风机不间断送新风，并每隔1～2小时到室外换气休息（图7–11）。

（4）夜间作业，照明设备应有防爆措施；在喷漆室或金属罐体内喷漆要设接地保护，防静电聚集。

图7–10 油漆工作业须戴防护口罩、防护眼镜或专门防护面罩

图7–11 在密闭空间作业时间不能过长

第五节　　钢筋工作业安全常识

钢筋加工时，由于使用钢筋加工机械不当，容易发生机械伤害或物体打击事故。绑扎钢筋时，由于作业面搭设不符合要求或违章，容易发生高处坠落、物体打击事故。作业时应注意：

（1）钢材、半成品等应按规格、品种分别堆放整齐，制作场地要平整，工作台要稳固，照明灯具必须加网罩。

（2）拉直钢筋，卡头要卡牢，地锚要结实牢固，拉筋沿线2m区域内禁止行人。人工绞磨拉直，不准用胸、肚接触推杠，并缓慢松解，不得一次松开。

（3）展开盘圆钢筋要一头卡牢，防止回弹，切断时先用脚踩紧。

（4）人工断料，工具必须牢固。掌克子和打锤要站成斜角，注意扔锤区域内的人和物体。切断小于30cm的短钢筋，应用钳子夹牢，禁止用手把扶，并在外侧设置防护箱笼罩（图7-12）。

图7-12　切断短钢筋禁止用手把扶

（5）多人合运钢筋，起、落、转、停动作要一致，人工上下传送不得在同一垂直线上。钢筋堆放要分散、稳当，防止倾倒和塌落。

（6）在高空、深坑绑扎钢筋和安装骨架，须搭设脚手架和马道。

（7）绑扎立柱、墙体钢筋，不得站在钢筋骨架上和攀登骨架上下。柱筋在4m以内，重量不大，可在地面或楼面上绑扎，整体竖起；柱筋在4m以上，应搭设工作台。柱梁骨架，应用临时支撑拉牢，以防倾倒（图7-13）。

（8）绑扎基础钢筋时，应按施工设计规定摆放钢筋支架或马凳架起上部钢筋，不得任意减少支架或马凳。

（9）绑扎高层建筑的圈梁、挑檐、外墙、边柱钢筋，应搭设外架或安全网。绑扎时挂好安全带（图7-14）。

（10）起吊钢筋，下方禁止站人，必须待钢筋降落到地1m以内方准靠近，就位支撑好方可摘钩。

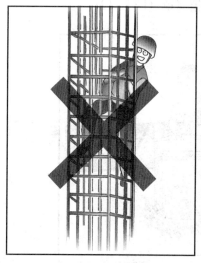

图7-13　绑扎柱钢筋应搭设工作台　　图7-14　高处绑扎钢筋应系好安全带

第六节 瓦工、抹灰工作业安全常识

瓦工、抹灰工作业须特别注意预防下列事故：

（1）由于作业面搭设不符合要求、高处作业防护不到位发生高处坠落事故。

（2）材料堆放不当或斩砖违反要求,造成交叉作业下方人员物体打击事故。

一、瓦工作业安全常识

（1）上下脚手架应走斜道。不准站在砖墙上做砌筑、划线（勒缝）、检查大角垂直和清扫墙面等工作。

（2）砌砖使用的工具应放在稳妥的地方。斩砖应面向墙面，工作完毕应将脚手架和砖墙上的碎砖，灰浆清扫干净，防止掉落伤人（图7-15）。

图7-15 斩砖应面向墙面

（3）山墙砌完后应即安装桁条或加临时支撑，防止倒塌。

（4）起吊砌块的夹具要牢固，就位放稳后，方得松开夹具。

（5）在屋面坡度大于25°时，挂瓦必须使用移动板梯，板梯必须有牢固的挂钩。没有外架子时檐口应该搭防护栏杆和防护立网。

（6）屋面上瓦应两坡同时进行，保持屋面受力均衡，瓦要放稳。屋面无望板时，应铺设通道，不准在桁条、瓦条上行走。

二、抹灰工作业安全常识

（1）室内抹灰使用的木凳、金属支架应搭设平稳牢固，脚手架跨度不得大于2m。架上堆放材料不得过于集中，在同一跨度内不应超过两人（图7-16）。

图7-16　支架应搭设平稳牢固，同一跨度内不应超过两人

（2）不准在门窗、散热器、洗脸池等器物上搭设脚手板。阳台部位粉刷，外侧必须挂设安全网。严禁踩踏脚手架的护身栏杆和阳台栏板上进行操作（图7-17）。

图7-17 严禁踩踏阳台栏板上进行操作

（3）机械喷灰喷涂应戴防护用品，压力表、安全阀应灵敏可靠，输浆管各部接口应拧紧卡牢。管路摆放顺直，避免折弯。

（4）输浆应严格按照规定压力进行，超压和管道堵塞，应卸压检修。

（5）贴面使用预制件、大理石、瓷砖等，应堆放整齐平稳，边用边运。安装要稳拿稳放，待灌浆凝固稳定后，方可拆除临时支撑。

（6）使用磨石机，应戴绝缘手套，穿胶靴，电源不得破皮漏电，金刚砂块安装必须牢固，经试运转正常，方可操作。

第七节　架子工作业安全常识

脚手架的搭设拆除均为高处作业，架子工要特别注意预防高处坠落，另外在架子搭设、拆除过程会由于钢管、扣件或工具坠落造成物体打击。物体打击事故也需预防。

一、架子工的安全常识

（1）架子工是属国家规定的特种作业人员，必须经过有关部门进行安全技术培训、考试合格，持《特种作业操作证》上岗。

（2）脚手架的搭设、拆除作业是悬空、攀登高处作业。年龄不满18周岁者，不得从事高空作业（图7-18）。

图7-18　未满18岁者不得从事高空作业

（3）患有心脏病、贫血病、高血压、低血压、癫痫病及其他不适应高空作业的病症者，不得从事高空作业。

（4）酒后禁止高空作业。

（5）六级以上风力（风速10.8m/s）雷雨天气，禁止露天高空作业（图7-19）。

图7-19　六级以上风力雷雨天气禁止露天高空作业

（6）在架子上作业人员上下均应走人行梯道，不准攀爬架子。

（7）在高处递运材料要尽量站在楼层上递运。必须上脚手架时，要先看脚手板铺装是否严密牢固，有无探头板，架子是否牢固，防护栏杆是否齐全。

（8）高处作业人员，在无可靠安全防护设施时，必须先挂牢安全带后再作业。安全带应高挂低用，不准将绳打结使用，也不准将挂钩直接挂在安全绳上使用，应挂在连接环上使用。

（9）架子上作业人员，不要太集中；堆料要平稳，不要过多过高，以免超载或坠落（图7-20）。

图 7-20 架上人员不得太集中，堆料不得过多

(10) 施工作业层的脚手板必须封闭铺满、铺稳，并不得有探头板、飞跳板；翻脚手板应两人由里往外按顺序进行，在铺第一块或翻到最外一块脚手板时必须挂牢安全带。工具应随手放入工具袋（图 7-21）。

图 7-21 脚手板必须满铺

(11) 严禁用踏步式、分段、分立面拆除法，若确因装饰等特殊

需要保留某立面脚手架时，应在该立面架子开口两端随其立面进度（不超过两步架）及时设置与建筑物拉结牢固的横向支撑。

（12）搭设、拆除脚手架时严禁碰撞附近电源线，以防止事故发生。

二、拆除脚手架的安全常识

（1）拆架子人员一般2～3人为一组，协同作业互相关照、监督。

（2）拆架子的高处作业人员应戴安全帽，系安全带，扎裹腿，穿软底鞋方可作业。

（3）拆除脚手架，周围应设围栏或警戒标志，并设专人看管，禁止人员入内（图7-22）。

图7-22　拆除脚手架须设警戒标志

（4）架子拆除时要自上而下按顺序拆除，所有杆件材料均按先搭后拆、后搭先拆的原则依次进行。拆下的材料要随拆随清理，不得随便从高处向下抛掷物料。从架子向下送料时要上下配合，做到上呼下应，不准上下同时作业。

（5）大片架子拆除后预留的斜道，上料平台、通道等，应在大片架子拆除前进行加固，以便拆除后能确保其完整，安全可靠。

（6）在拆架过程中，不得中途换人，必须换人时，应将拆除情况交待清楚后方可离开。

（7）拆除脚手架立杆时，要先抱住立杆再拆开最后两个扣，拆除大横杆、斜撑、剪刀撑时，应先拆中间扣，然后托住中间，再拆两头扣，由中间操作人往下顺杆子。

（8）连墙杆应随拆除进度逐层拆除，拆抛撑前，应用临时撑支住，然后才能拆抛撑。

（9）拆下的脚手板、钢管、扣件、钢丝绳等材料，应向下传递或用绳吊下，禁止往下投扔（图7-23）。

（10）拆除烟囱、水塔外架时，禁止架料碰断缆风绳，同时拆至缆风处方可解除该处的缆风绳，不能提前解除。

（11）拆除时不得拉坏门窗、玻璃、水管、房檐瓦片、地下明沟等物品。

图7-23　拆下的脚手板等材料禁止往下投扔

第八节　　电、气焊工作业安全常识

在电、气焊作业过程中，容易造成触电、火灾及电弧伤害等事故。因此，每个焊工应熟悉有关安全防护知识，自觉遵守安全操作规程，加强劳动保护意识，确保作业者的身体健康。

（1）焊工是特种作业人员，应经过专门培训，掌握电、气焊安全技术，并经过考试合格，取得特种作业证书后方能上岗。

（2）焊机一般采用380V或220V电压，空载电压也在60V以上，因此焊工首先要防止触电，特别是在阴雨、打雷、闪电或潮湿作业环境中。

1）焊工作业时要穿好胶底鞋，戴好防护手套，正确使用防护面罩；不得光膀子、穿拖鞋或赤脚作业（图7-24）。

图7-24　焊接作业须做好个人防护

2）更换焊条时要戴好防护手套，夏天出汗及工作服潮湿时，注意不要靠在钢材上，避免触电。

（3）电、气焊作业时，由于金属的飞溅极易引起烫伤、火灾，因此要切实做好防止烫伤、火灾的防护工作。

1）焊工作业时穿戴的工作服及手套不得有破洞，如有破洞，应及时补好，防止火花溅入而引起烫伤。

2）电、气焊现场必须配备灭火器材，危险性较大的应有专人现场监防。严禁在储存有易燃、易爆物品的室内或场地作业。

3）露天作业时，必须采取防风措施，焊工应在上风位置作业，风力大于5级时不宜作业。

4）高处作业时，应仔细观察作业区下面有没有其他人员，并采取相应措施，防止焊渣飞溅造成下面人员烫伤或发生火灾。

（4）焊接电弧产生的紫外线对焊工的眼睛和皮肤有较大的刺激性，因此必须做好电弧伤害的防护工作。

1）焊工操作时，必须使用有防护玻璃且不漏光的面罩，身穿工作服，手戴工作手套，并戴上脚罩。

2）开始作业引弧时，焊工要注意周边其他作业人员，以免强烈弧光伤害他人。

3）在人员众多的地方焊接作业时，应使用屏风挡隔。

（5）清除焊渣、铁锈、毛刺、飞溅物时，应戴好手套和防护眼镜，防止损伤。

（6）搬动焊件时，要戴好手套，且小心谨慎，防止划破皮肤或造成人身事故。

（7）焊工高处作业时要用梯子上下，焊机电缆不能随意缠绕，要系好安全带。焊工用的焊条、清渣锤、钢丝刷、面罩等要妥善安放，以免掉下伤人（图7-25）。

图7-25　焊工高处作业要系好安全带

第八章

施工现场急救常识

施工现场急救常识主要包括触电急救知识、创伤救护知识、火灾急救知识、中毒及中暑急救知识以及传染病应急救援措施等，学习并掌握这些现场急救基本常识，是我们做好安全工作的一项重要内容。

一、触电急救知识

触电者的生命能否获救，在绝大多数情况下取决于能否迅速脱离电源和正确地实行人工呼吸和心脏按摩，拖延时间、动作迟缓或救护不当，都可能造成死亡。

1．脱离电源

图 8-1　脱离电源

发现有人触电时，应立即断开电源开关或拔出插头，若一时无法找到并断开电源开关时，可用绝缘物（如干燥的木棒、竹竿、手套）将电线移开，使触电者脱离电源。必要时可用绝缘工具切断电源。如果触电者在高处，要采取防摔措施，防止触电者脱离电源后摔伤(图8-1)。

2．紧急救护

根据触电者的情况，进行简单的诊断，并分别处理：

（1）病人神志清醒，但感乏力、头昏、心悸、出冷汗，甚至有恶心或呕吐。此类病人应使其就地安静休息，减轻心脏负担，加快恢复；情况严重时，应立即小心送往医疗部门检查治疗。

（2）病人呼吸、心跳尚存在，但神志昏迷。此时，应将病人仰卧，周围空气要流通，并注意保暖；除了要严密观察外，还要做好人工呼吸和心脏挤压的准备工作。

（3）如经检查发现，病人处于"假死"状态，则应立即针对不同类型的"假死"进行对症处理：如呼吸停止，应用口对口的人工呼吸法来维持气体交换；如心脏停止跳动，应用体外人工心脏挤压法来维持血液循环。

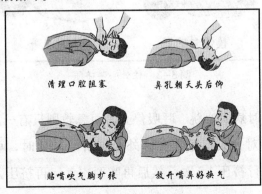

清理口腔阻塞　　　　鼻孔朝天头后仰

贴嘴吹气胸扩张　　　放开嘴鼻好换气

图8-2　口对口人工呼吸

（4）口对口人工呼吸法。病人仰卧、松开衣物——清理病人口腔阻塞物——病人鼻孔朝天、头后仰——贴嘴吹气——放开嘴鼻好换气，如此反复进行，每分钟吹气12次，即每5秒钟吹气一次（图8-2）。

（5）体外心脏挤压法。病人仰卧硬板上——抢救者中指（手掌）对病人凹膛——掌根用力向下压——慢慢向下——突然放开，连续操作每分钟进行60次，即每秒一次。具体操作过程见图8-3。

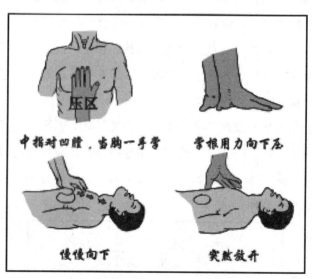

图8-3　体外心脏挤压

（6）有时病人心跳、呼吸停止，而急救则只有一人时，必须同时进行口对口人工呼吸和体外心脏挤压，此时，可先吹两次气，立即进行挤压15次，然后再吹两次气，再挤压，反复交替进行（图8-4）。

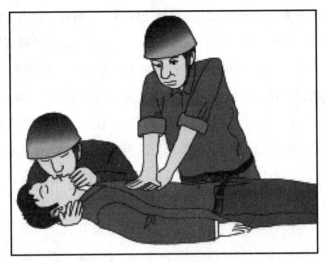

图8-4　吹气、挤压

二、创伤救护知识

创伤分为开放性创伤和闭合性创伤。开放性创伤是指皮肤或黏膜的破损，常见的有：擦伤、切割伤、撕裂伤、刺伤、撕脱、烧伤；闭合性创伤是指人体内部组织的损伤，而没有皮肤黏膜的破损，常见的有：挫伤、挤压伤。

1．开放性创伤的处理

（1）对伤口进行清洗消毒，可用生理盐水和酒精棉球，将伤口和周围皮肤上粘染的泥砂、污物等清理干净，并用干净的纱布吸收水分及渗血，再用酒精等药物进行初步消毒。在没有消毒条件的情况下，可用清洁水冲洗伤口，最好用流动的自来水冲洗，然后用干净的布或敷料吸干伤口。

（2）止血。对于出血不止的伤口，能否做到及时有效地止血，对伤员的生命安危影响极大。在现场处理时，应根据出血类型和部位不同采用不同的止血方法：直接压迫——将手掌通过敷料直接加压在身体表面的开放性伤口的整个区域；抬高肢体——对于手、臂、腿部严重出血的开放性伤口，都应抬高，使受伤肢体高于心脏水平线；压迫供血动脉——手臂和腿部伤口的严重出血，如果应用直接压迫和抬高肢体仍不能止血，就需要采用压迫点止血技术；包扎——使用绷带、毛巾、布块等材料压迫止血，保护伤口，减轻疼痛。

（3）烧伤的急救应先去除烧伤源，将伤员尽快转移到空气流通的地方，用较干净的衣服把伤面包裹起来，防止再次污染；在现场，除了化学烧伤可用大量流动清水冲洗外，对创面一般不做处理，尽量不弄破水泡，保护表皮。

2．闭合性创伤的处理

（1）较轻的闭合性创伤，如局部挫伤、皮下出血，可在受伤部位进行冷敷，以防止组织继续肿胀，减少皮下出血。

（2）如发现人员从高处坠落或摔伤等意外时，要仔细检查其头部、颈部、胸部、腹部、四肢、背部和脊椎，看看是否有肿胀、青紫、局部压疼、骨摩擦声等其他内部损伤，假如出现上述情况，不能对患者随意搬动，需按照正确的搬运方法进行搬运，否则，可能造成患者神经、血管损伤并加重病情。

现场常用的搬运方法有：担架搬运法——用担架搬运时，要使伤员头部向后，以便后面抬担架的人可随时观察其变化；单人徒手搬运法——轻伤者可扶着走，重伤者可让其伏在急救者背上，双手绕颈交叉下垂，急救者用双手自伤员大腿下抱住伤员大腿（图8-5）。

图8-5 创伤急救

（3）如怀疑有内伤，应尽早使伤员得到医疗处理；运送伤员时要采取卧位，小心搬运，注意保持呼吸道通畅，注意防止休克。

（4）运送过程中如突然出现呼吸、心跳骤停时，应立即进行人工呼吸和体外心脏挤压法等急救措施。

三、火灾急救知识

一般地说，起火要有三个条件，即可燃物（木材、汽油）、助燃物（氧气、高锰酸钾）和点火源（明火、烟火、电焊火花）。扑灭初期火灾的一切措施，都是为了破坏已经产生的燃烧条件。

1．火灾急救的基本要点

（1）及时报警，组织扑救。全体员工在任何时间、地点，一旦发现起火都要立即报警，并参与和组织群众扑灭火灾。

（2）集中力量，主要利用灭火器材，控制火势。集中灭火力量在火势蔓延的主要方向进行扑救以控制火势蔓延。

（3）消灭飞火。组织人力监视火场周围的建筑物，露天物质堆放场所的未尽飞火，并及时扑灭。

（4）疏散物质。安排人力和设备，将受到火势威胁的物质转移到安全地带，阻止火势蔓延。

（5）积极抢救被困人员。人员集中的场所发生火灾，要有熟悉情况的人做向导，积极寻找和抢救被围困的人员。

2．火灾急救的基本方法

（1）先控制，后消灭。对于不可能立即扑灭的火灾，要先控制火势，具备灭火条件时再展开全面进攻，一举消灭。

（2）救人重于救火。灭火的目的是为了打开救人通道，使被困人员得到救援（图8-6）。

图8-6　组织扑救及时报警

（3）先重点，后一般。重要物资和一般物资相比，保护和抢救重要物资；火势蔓延猛烈方面和其他方面相比，控制火势蔓延的方面是重点。

（4）正确使用灭火器材。水是最常用的灭火剂，取用方便，资源丰富，但要注意水不能用于扑救带电设备的火灾；各种灭火器的用途和使用方法如下：

酸碱灭火器：倒过来稍加摇动或打开开关，药剂喷出；适合扑救油类火灾。

泡沫灭火器：把灭火器筒身倒过来，适用扑救木材、棉花、纸张等火灾，不能扑救电气、油类火灾。

二氧化碳灭火器：一手拿好喇叭筒对准火源，另一手打开开关即可；适于扑救贵重仪器和设备，不能扑救金属钾、钠、镁、铝等物质的火灾。

卤代烷灭火器（1211）：先拔掉按销，然后握紧压把开关，压杆使密封阀开启，药剂即在氮气压力下由喷嘴射出。适用于扑救易燃液体、可燃气体和电气设备等火灾。

干粉灭火器：打开保险销，把喷管口对准火源，拉出拉环，即可喷出；适用于扑救石油产品、油漆、有机溶剂和电气设备等火灾。

（5）人员撤离火场途中被浓烟围困时，应采用低姿势行走或匍匐穿过浓烟，有条件时可用湿毛巾等捂住嘴鼻，以便顺利撤出烟雾区；如无法进行逃生，可向外伸出衣物或抛出小物件，发出救人信号引起注意。

（6）进行物资疏散时应将参加疏散的职工编成组，指定负责人首先疏散通道，其次疏散物资，疏散的物资应堆放在上风向的安全地带，不得堵塞通道，并要派人看护。

四、中毒及中暑急救知识

施工现场发生的中毒主要有食物中毒、燃气中毒及毒气中毒；中暑是指人员因处于高温高热的环境而引起的疾病。

1．食物中毒的救护

（1）发现饭后多人有呕吐、腹泻等不正常症状时，尽量让病人大量饮水，刺激喉部使其呕吐。

（2）立即将病人送往就近医院或拨打急救电话120。

（3）及时报告工地负责人和当地卫生防疫部门，并保留剩余食品以备检验。

2．燃气中毒的救护

（1）发现有人煤气中毒时，要迅速打开门窗，使空气流通。

（2）将中毒者转移到室外实行现场急救。

（3）立即拨打急救电话120或将中毒者送往就近医院。

（4）及时报告有关负责人。

3．毒气中毒的救护

（1）在井（地）下施工中有人发生毒气中毒时，井（地）上人员绝对不要盲目下去救助；必须先向出事点送风，救助人员装备齐全安全保护用具，才能下去救人（图8-7）。

（2）立即报告工地负责人及有关部门，现场不具备抢救条件时，应及时拨打110或120电话求救。

图 8-7　井下中毒须先送风再下井救人

4．中暑的救护

（1）迅速转移。将中暑者迅速移至阴凉通风的地方，解开衣服、脱掉鞋子，让其平卧，头部不要垫高。

（2）降温。用凉水或 50% 酒精擦其全身，直到皮肤发红，血管扩胀以促进散热。

（3）补充水分和无机盐类。能饮水的患者应鼓励其喝足凉盐开水或其他饮料，不能饮水者，应予静脉补液。

（4）及时处理呼吸、循环衰竭。呼吸衰竭时，可注射尼可刹明或山梗茶碱，循环衰竭时，可注射鲁明那钠等镇静药。

（5）转院。医疗条件不完善时，应对患者严密观察，精心护理，送往就近医院进行抢救（图 8-8）。

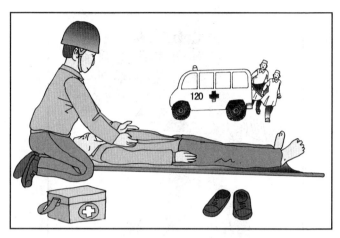

图 8-8 及时送往医院

五、传染病应急救援措施

由于施工现场的施工人员较多，如若控制不当，容易造成集体感染传染病。因此需要采取正确的措施加以处理，防止大面积人员感染传染病。

（1）如发现员工有集体发烧、咳嗽等不良症状，应立即报告现场负责人和有关主管部门，对患者进行隔离加以控制，同时启动应急救援方案。

（2）立即把患者送往医院进行诊治，陪同人员必须做好防护隔离措施。

（3）对可能出现病因的场所进行隔离、消毒，严格控制疾病的再次传播。

（4）加强现场员工的教育和管理，落实各级责任制，严格履行员工进出现场登记手续，做好病情的监测工作。

第九章

典型施工伤亡事故案例分析

第一节　　高处坠落事故

【案例 1】"2.20"某电厂高处坠落事故

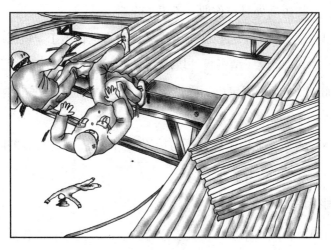

事故时间：2002 年 2 月 20 日 9 时 20 分

事故地点：深圳市南山区

事故类别：高处坠落

伤亡情况：死亡 3 人

事故经过：

2002 年 2 月 20 日上午，某电厂 5、6 号机组续建工程现场，屋面压型钢板安装班组5名工人张×、罗××、贺××、刘××、戴××在6号主厂房屋面板安装压型钢板。在施工中未按要求对压型钢板进行锚固，即向外安装钢板，在安装推动过程中，压型钢板两端(张×、罗××、贺××在一端，刘××、戴××在另一端)用力不均，致使钢板一侧突然向外滑移，带动张×、罗××、贺××3人失稳坠落至三层平台死亡，坠落高度19.4m。

直接原因：

(1) 临边高处悬空作业，不系安全带。

(2) 违反施工工艺和施工组织设计要求进行施工。根据施工组织设计要求，铺设压型钢板一块后，应首先进行固定，再进行翻板，而实际施工中既未固定第一张板，也未翻板，而是采取平推钢板，由于推力不均从而失稳坠落。

(3) 施工作业面下无水平防护(安全平网)，缺乏有效的防坠落措施。

间接原因：

(1) 教育培训不够，工人安全意识淡薄，违章冒险作业。

(2) 项目部安全管理不到位，专职安全员无证上岗，项目部对当天的高处作业未安排专职安全员进行监督检查，致使违章和违反施工工艺的行为未能及时发现和制止。

(3) 施工组织设计、方案、作业指导书中的安全技术措施不全面，没有对锚固、翻板、监督提出严格的约束措施，落实按工序施工不力，缺少水平安全防护措施。

事故教训：

（1）建立健全安全生产责任制，安全管理体系要从公司到项目部到班组层层落实，切忌走过场。切实加强安全管理工作，配备足够的安全管理人员，确保安全生产体系正常运作。

（2）进一步加强安全生产的制度建设。安全防护措施、安全技术交底、班前安全活动要全面、有针对性，既符合施工要求，又符合安全技术规范的要求，并在施工中不折不扣地贯彻落实，不能只停留在方案上，施工安全必须实行动态管理，责任要落实到班组，落实到现场。

（3）进一步加强高处坠落事故的专项治理，高处作业是建筑施工中出现频率最高的危险性作业，事故率也最高，无论是临边、屋面、外架、设备等都会遇到。在施工中必须针对不同的工艺特点，制定切实有效的防范措施，开展高处作业的专项治理工作，控制高处坠落事故的发生。

（4）坚决杜绝群死群伤的恶性事故，对易发生群死群伤事故的分部分项工程要制定有针对性的安全技术措施，确保万无一失。

（5）加强民工的培训教育，努力提高工人的安全意识，开展安全生产的培训教育工作，使工人树立"不伤害自己，不伤害别人，不被别人伤害"的安全意识，努力克服培训教育费时费力的思想，纠正只使用不教育的做法。

【案例2】"7.13"某工程高处坠落事故

事故时间： 2003年7月13日17时20分许

事故地点： 深圳市罗湖区

事故类别： 高处坠落

伤亡情况： 死亡1人

事故经过：

2003年7月13日下午，在某工程施工现场，外架班范某安排黄×明等三人搭设A栋29层外架的卸料平台，黄在卸料平台下部加固横杆，平台下部及黄作业周围无防护措施，作业时因天热黄脱去了上衣和安全带，17时20分左右，黄一脚踩空坠落，摔到四层楼面上死亡。

直接原因：

（1）高处作业人员未系安全带，违规操作。

（2）搭设卸料平台无安全防护措施，冒险作业。

间接原因：

（1）现场作业人员安全意识淡薄。

（2）企业安全管理不到位。

事故教训：

（1）高处作业人员必须系安全带；高处作业应有安全的作业环境。

（2）加强对工人安全教育，提高安全素质，增强安全意识。

（3）加强现场安全生产管理，杜绝违章行为。

【案例3】"8.27"某通讯楼高处坠落事故

事故时间：2003 年 8 月 27 日 20 时 40 分

事故地点：深圳市龙岗区

事故类别：高处坠落

伤亡情况：死亡 1 人

事故经过：

2003 年 8 月 27 日，在某通讯楼工程现场，项目副经理分别安排泥工班组和空调班组晚上作业，其中泥工班组邹××等 5 人在水箱间屋面顶部进行水泥砂浆保护层施工，晚上 8 点 40 分许，邹××在用手推车运输砂浆时，不慎从顶部直径 1.8m 的检修人孔坠落至 6 层屋面，坠落高度 7.2m。邹××随即被送往医院抢救，经抢救无效死亡。

直接原因：

水箱间屋面直径1.8m检修人孔未采取有效防护措施，未设专人管理。

间接原因：

（1）现场安全管理混乱，安全防护措施不到位。

（2）工人安全意识淡薄，自我保护意识差。

（3）监理单位监管不力，监理人员对现场的安全隐患未及时发现并采取措施。

事故教训：

（1）施工单位必须严格按照《建筑施工高处作业安全技术规范》（JGJ80-91）和建设部《建筑工程预防高处作业坠落事故若干规定》的要求切实做好现场临边洞口的防护，并落实责任人。

（2）完善各项安全管理制度并严格执行。

（3）加强对工人进行安全教育，提高安全防范意识和能力。

（4）监理公司必须履行监理单位的安全责任，加强对施工现场的安全监理。

第二节　起重伤害事故

【案例4】"4.19"某工程起重伤害事故

事故时间：2002 年 4 月 19 日 10 时 15 分

事故地点：深圳市罗湖区

事故类别：起重伤害

伤亡情况：死亡 2 人，重伤 1 人

事故经过：

2002 年 4 月 19 日上午，在某工程 3A 标段现场，一台起重量为 50t、起重臂 25m 的履带式起重机准备配合基坑土方挖运及钢支撑安装施工，9 时吊装结束，起重机停车熄火。10 时左右，司机朱××又发动了该起重机主机进行充气。此时该起重机的位置是：起重臂与履带平行、朝南方向，起重臂与水平方向的角度约 67°。朱××见

到位于前方约十多米处另一台起重量25t的履带式起重机转向无法到位，便擅自跳离自己的驾驶室，上了25t起重机驾驶室帮忙操纵。10时15分，无人操纵的50t起重机由于未停机，起重臂由南向北后仰倾覆，砸垮施工现场临时围墙（起重臂伸出围墙外6.1m），倒向路面，造成6名行人伤亡，其中2名死亡，1名重伤，3名轻伤。

直接原因：

（1）起重机司机违章，在起重机启动状态下擅自离开驾驶室，离开时，操纵起重臂提升的三个操作杆没有全部回复到空档。

（2）起重机无安全装置，没有起重臂提升限制器和防止起重臂后仰的安全支架，带病工作。

间接原因：

（1）公司安全管理体系不健全，项目经理无证上岗，管理人员不配套，机械管理员由不懂专业的材料员兼任，无法进行有效的管理。

（2）现场安全管理混乱，安全管理制度不落实，公司的安全检查流于形式，没有发现隐患。

（3）作业人员安全意识淡薄，违章作业，起重机工作时无指挥在场。

（4）机械设备管理混乱，起重机进场没验收，设备管理资料不全。

事故教训：

（1）广泛深入开展作业人员的安全生产培训教育工作，提高安全意识。加强对机械设备操作人员安全生产责任制和安全操作规程的教育培训，增强按章操作的自觉性。

（2）加强起重机等大型设备安全管理，严格执行设备检查维护保养和进场验收制度，严禁无安全装置设备进场，严禁设备带病工作。

【案例5】"6.01" 某花园二期起重伤害事故

事故时间：2003 年 6 月 1 日 14 时 50 分许

事故地点：深圳市福田区

事故类别：起重伤害

伤亡情况：死亡 1 人

事故经过：

2003 年 6 月 1 日，在某公司施工的某花园二期工程现场，7 号楼的施工电梯正在进行拆卸。下午 2 时 50 分许，位于施工电梯标准节顶端的原先已经严重变形的电缆挑线架突然断裂坠落，砸到正在电梯笼上收拾杂物、未戴安全帽的周××头部，周××被立即送往医院，抢救无效死亡。

直接原因：

（1）挑线架由于原先使用处理不当，弯曲变形，留下隐患，在外力作用下，断裂坠落砸到工人头部。

（2）工人未戴安全帽。

间接原因：

（1）拆卸人员安全意识淡薄，对已经发现的隐患不处理，冒险蛮干。

（2）拆卸人员不具备拆卸的技术和管理条件。

（3）拆卸方案不完善，未经审批。

（4）拆卸前无安全技术交底，无班前安全教育。

（5）监理公司对起重设备拆装作业监理不到位。

事故教训：

（1）施工起重设备的安装拆卸专业性强、危险性大，应编制有针对性的专项施工方案，并按要求履行审批手续。

（2）要加强对作业人员特别是民工的管理和安全培训教育，提高其安全素质。

（3）监理单位必须切实履行监理的安全生产责任。

【案例6】"8.27"某通讯楼起重伤害事故

事故时间：2003 年 8 月 27 日 21 时 50 分

事故地点：深圳市龙岗区

事故类别：起重伤害

伤亡情况：死亡 1 人

事故经过：

2003 年 8 月 27 日，在某通讯楼工程现场，当晚 8 时 40 分发生了一宗高处坠落事故后，该工程并没有停工。当晚 6 时 30 分，空调班组在六层楼面安装空调静压箱，静压箱 3.25m（长）× 3.2m（宽）× 1.5m（高），重 500kg。作业人员先用汽车吊把静压箱吊至六层楼面，李×等人准备将静压箱安装就位。晚上 9 时 50 分左右，位于静压箱东侧、现场焊接的吊耳突然断裂，造成静压箱失稳摆动，扶着静压箱的李×被撞出楼面，坠落至地面，坠落高度 21.8m。李

×被送往医院抢救无效死亡。

直接原因：

（1）静压箱吊耳焊接质量达不到要求。

（2）施工作业面临边无安全防护措施。

间接原因：

（1）吊装方法选择不当。

（2）吊装、焊接人员均未经培训，无证上岗。

（3）项目部对吊装作业管理混乱，违反施工程序，施工方案未经审查擅自施工。

（4）夜间施工照明不足。

（5）监理单位对起重吊装作业监理不到位。

事故教训：

（1）施工现场发生事故必须立即停工，进行整顿，安抚作业人员情绪，消除隐患。

（2）起重吊装必须制定专项施工方案，制定安全技术措施。并经企业技术负责人和监理公司总监审批后实施。

（3）夜间进行起重吊装作业，必须有足够照明。

（4）避免过度加班加点，疲劳作业。

（5）特种作业人员必须持证上岗。

（6）监理公司必须切实履行监理的安全责任，加强对起重吊装等危险作业的现场安全监管，制止违章行为。

第三节　坍塌事故

【案例7】"2.08"某电厂坍塌事故

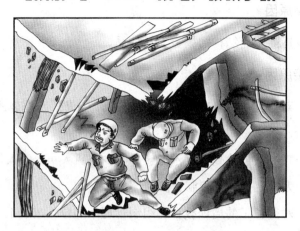

事故时间：2002年2月8日3时许

事故地点：深圳市南山区

事故类别：坍塌

伤亡情况：死亡1人，重伤2人

事故经过：

2002年2月7日晚8时，某电厂5、6号机组续建工程混凝土班负责8号运转站屋面混凝土浇筑，另有钢筋班、木工班配合。施工至2月8日凌晨3时许，屋面浇筑最后几方混凝土时，作业工人开始浇筑位于屋面板下的拉梁混凝土，由于现场满堂支架搭设较密，又有外脚手架，无法使用混凝土泵，工人采用手工浇筑。为贪图方便，混凝土班工人拆除了拉梁上部支撑屋面模板的部分立杆和水平杆，造成支架无法支撑屋面结构荷载和施工荷载而失稳，模板、钢筋、混凝土连同支架一起坍塌，正在屋面下方的工人余××被砸致死，正在屋面板上面施工的肖××、吴××等人随屋面坍塌而坠落受伤。

直接原因：

违章拆除屋面结构的模板支撑体系。

间接原因：

（1）对屋面模板支撑体系监管不力，造成了支撑体系被违章拆除。

（2）现场安全检查制度不健全，缺少值班人员，工人拆除支撑的违章行为没有被发现和制止。

（3）对劳务工的培训教育和组织管理不到位，造成工人贪图方便，冒险施工。

（4）现场未履行验收程序，违规浇筑混凝土。

（5）监理单位未认真进行旁站监理。

事故教训：

（1）加强模板支撑体系的管理。支撑搭设必须有方案，有计算，有审批，有验收，未经许可严禁拆除。

（2）加强施工组织管理，现场分部分项工程要配备完备的班组和人员，保证每一个施工步骤和环节都符合工艺和安全的要求。

（3）加强对劳务工的组织管理，加强三级安全教育和技能教育，提高遵章守纪的自觉性。

（4）监理单位要认真履行监理职责，加强施工现场的监理工作，对重要工序、重要部位要实施旁站监理，坚决制止施工违规违章行为。

【案例8】"6.24"某花园坍塌事故

事故时间: 2003年6月24日13时30分许

事故地点: 深圳市龙岗区

事故类别: 坍塌

伤亡情况: 死亡1人

事故经过:

某花园10区商业街工程,于2003年6月24日上午9时30分开始浇筑屋面混凝土。浇筑采用梁、板、柱一次现浇的方式。下午1时30分,已浇筑混凝土120m³,此时高8.8m的高支模支撑体系突然局部坍塌,造成支撑体系倾斜。现场18名作业人员中,工程师熊××被压在混凝土下,经抢救无效死亡,另有两名工人受轻伤。

直接原因：

高支模支撑体系未按施工方案要求搭设，立杆间距过大，横杆步距过大，无剪刀撑，无扫地杆，脚手架与建筑物无连接，导致支撑体系失稳。

间接原因：

（1）施工企业安全管理体系不健全，对项目缺乏有效管理。

（2）项目安全管理制度不落实，高支模搭设未履行必要的验收手续。

（3）监理公司在高支模专项方案审批和验收方面监理不到位。

事故教训：

（1）高支模支撑体系的搭设必须严格按照施工方案进行，严格控制立杆间距、横杆步距、剪刀撑、扫地杆，做好架体与建筑物的连接，保证支撑体系的稳定性。

（2）高支模支撑体系搭设完毕必须履行验收手续，未经验收或验收不合格的，不准使用。

（3）加强现场安全检查力度，及时发现隐患及时整改。

（4）监理公司必须履行监理单位的安全责任，加强对施工现场的安全监理，及时发现问题，解决问题。

【案例9】"9.29"某中心坍塌事故

事故时间：2003年9月29日10时10分许

事故地点：深圳市福田区

事故类别：坍塌

伤亡情况：死亡1人

事故经过：

2003年9月29日，某中心钢结构安装工程现场，正在拆卸钢结构胎架钢柱。上午10时10分许，在拆东侧两钢柱时，严××爬到12m高的钢柱上拆卸连杆，松开螺帽后，连杆因锈蚀无法脱离钢柱，严××便用脚踢连杆，由于钢柱底部用于固定的钢索已被违章提前拆除，连杆被踢开的同时，钢柱失衡倾倒，严××随钢柱一起倒下。严××随即被送往医院抢救无效死亡。

直接原因：

（1）违章操作，钢柱底座固定钢索被先行拆除，导致失稳。

（2）工人在拆连杆时用脚踢连杆，导致带连杆的钢柱受冲击力过大倾倒。

间接原因：

（1）现场管理不力，安全检查走过场，没有发现胎架底座固定钢索被先行拆除的违章行为和存在的隐患。

（2）作业人员安全意识和安全技能差。

事故教训：

（1）完善安全管理制度并严格执行，加强施工现场安全检查。

（2）加强作业人员安全意识教育，提高安全意识，提高遵章守纪、按章操作的自觉性。

第四节 触电事故

【案例10】"9.11"某工程触电事故

事故时间：2002年9月11日15时30分

事故地点：深圳市南山区

事故类别：触电

伤亡情况：死亡1人

事故经过：

2002年9月11日，因台风下雨，某工程人工挖孔桩施工停工，天晴雨停后，工人们返回工作岗位进行作业，约15时30分，又下一阵雨，大部分工人停止作业返回宿舍，25号和7号桩孔因地质情况特殊需继续施工（25号由江××等两人负责），此时，配电箱进线端电线因无穿管保护，被电箱进口处割破绝缘造成电箱外壳、PE线、提升机械以及钢丝绳、吊桶带电,江××触及带电的吊桶遭电击,经抢救无效死亡。

直接原因:

(1)电源线进配电箱处无套管保护,金属箱体电线进口处也未设护套,使电线磨损破皮。

(2)重复接地装置设置不符合要求,接地电阻达不到规范要求。

(3)电气开关的选用不合理、不匹配,漏电保护装置参数选择偏大、不匹配。

间接原因:

(1)现场用电系统的设置未按施工组织设计的要求进行。

(2)现场施工用电管理不健全,用电档案建立不健全。

事故教训:

(1)加强施工现场用电安全管理。

(2)对现场用电的线路架设、接地装置的设置、电箱漏电保护器的选用要严格按照用电规范进行。

(3)建立健全施工现场用电安全技术档案,包括用电施工组织设计、技术交底资料、用电工程检查纪录、电气设备试验调试纪录、接地电阻测定纪录和电工工作纪录等。

【案例11】"12.02"某花园二期触电事故

事故时间：2002 年 12 月 2 日 13 时 40 分

事故地点：深圳市南山区

事故类别：触电

伤亡情况：死亡 1 人

事故经过：

2002 年 12 月 2 日，某花园二期项目部木工周××等 2 人安装家庭庭院围墙地梁模板。周××从仓库领出一台手持电锯，将电锯的电线挂在附近的井字架配电箱里的闸刀开关上面，然后拿起电锯，刚一按动开关就倒在地上，同伴立即拉下闸刀，周××经抢救无效死亡。

直接原因：

（1）手持电锯漏电。根据法定技术机构检验，该手持电锯的"泄漏电流"、"防潮性"、"电气强度"等指标不合格。

（2）操作者身体原因。

间接原因：

（1）项目部施工用电管理不善，非电工工人擅自接线使用电动工具；电动工具未进行定期检测，不合格工具仍然在现场使用。

（2）没有对工人进行定期体检，对工人的身体状况不了解。

事故教训：

（1）加强施工现场用电管理，禁止非电工擅自接线使用电动工具。

（2）加强施工机具管理，要定期对机具进行检测，对不符合要求、存在事故隐患的机具应予以淘汰。

（3）定期对工人进行体检，禁止工人带病上岗。

【案例12】"11.24"某市场工程触电事故

事故时间：2003年11月24日17时40分

事故地点：深圳市盐田区

事故类别：触电

伤亡情况：死亡1人

事故经过：

某人力资源市场工程已接近完工，甲方向供电部门申请停电，以便项目改接正常供电线路。2003年11月24日下午16时20分，供电部门工作人员将变压器的跌落式开关断开后即离开，施工场地随即断电，现场电工改装电缆。此时变压器的二次侧断电，但是一次侧仍然带电。17时30分，杂工班领班杨××误认为变压器整体已经停电，为赶工期擅自带领另外两名杂工准备拆除变压器的防护竹架。

杨××首先爬至防护架顶部触及变压器一次侧的高压电，当即被击倒，经抢救无效死亡。

直接原因：

（1）工人安全意识淡薄，在未确认变压器整体断电的情况下，为赶工期冒险蛮干。

（2）供电部门未按要求切断工地的整个高压送电线路。

间接原因：

（1）甲方、监理单位、施工单位与供电部门缺乏有效沟通。

（2）变压器周围无明显安全警示标志。

（3）现场用电安全管理不到位。

事故教训：

（1）加强工人的安全教育，提高安全意识，杜绝冒险蛮干行为。

（2）加强现场劳动组织管理，加强工人劳动纪律教育。

（3）变压器等供电设施应有明显警示标志。

（4）甲方、监理、施工单位应加强与供电部门的沟通协调。

（5）监理单位应加强现场监理工作，对重要工序、重要部位实施旁站监理，制止施工违章违规行为。

第五节　　车辆伤害事故

【案例13】"4.01"某污水截排工程车辆伤害事故

事故时间：2002年4月1日20时30分

事故地点：深圳市罗湖区

事故类别：车辆伤害

伤亡情况：死亡1人

事故经过：

2002年4月1日晚上8时30分左右，某污水截排工程现场，正在工作的盾构机工作温度过高发出警报，带班工长通知操作人员回地面休息，发出信号后，电瓶车司机鸣喇叭启动，此时担任出土泥斗车引导工作的劳务工龙××（工作位置在设备台车3～4节间一侧的平台）因急于跟同伴返回地面，从两斗车中间跨越至行走通道，被已经启动的电瓶车撞倒，送医院抢救无效死亡。

直接原因：

（1）龙××缺乏安全意识，违章从工作位置向泥斗车间隙中跨越，与车抢道。

（2）电瓶车警示灯位置不合适，信号不明显。

间接原因：

电瓶车操作人员和指挥人员的岗位责任制和相关管理制度不健全。

事故教训：

（1）要严格执行相关的安全操作规程，坚决杜绝违章冒险行为。

（2）加强安全教育，提高作业人员的安全素质和安全意识，提高遵章守纪自觉性。

（3）施工车辆、机械设备的安全装置应配备齐全，保持良好的机况。

（4）进一步建立健全并落实安全生产责任制。

【案例14】"7.21"某工程车辆伤害事故

事故时间：2003年7月21日0时30分许

事故地点：深圳市罗湖区

事故类别：车辆伤害

伤亡情况：死亡1人

事故经过：

2003年7月21日凌晨0时30分许，某工程22标段铺轨工程现场，轨道车司机姜某驾驶轨道车运行到大（剧院）老（街）区间（该区间有一定的下坡道），司机姜某换档减速突然发现制动失灵，立即鸣长笛示警，随车的领工员拉手闸辅助制动无效，轨道车滑向工作面并撞到位于工作面的3台小龙门吊，在小龙门吊附近的值班木工沈××避让不及，被小龙门吊撞到轧伤，经医院抢救无效死亡。

直接原因：

轨道车制动系统中制动缸橡胶皮碗严重损坏，导致制动失灵。

间接原因：

（1）企业对机械设备管理混乱，无轨道车检修计划，轨道车隐患未能及时消除。

（2）缺乏有效的轨道车到达工作面的安全防挡措施。

事故教训：

（1）施工车辆、机械设备的安全装置应配备齐全，保持良好的机况。

（2）建立健全并严格执行施工车辆、机械设备安全管理制度，定期检修，消除隐患。

（3）加强作业人员安全教育，提高安全防范意识。

第六节　物体打击事故

【案例15】"2.13"某工程二期物体打击事故

事故时间：2003年2月13日7时30分许

事故地点：深圳市福田区

事故类别：物体打击

伤亡情况：死亡1人

事故经过：

2003年2月13日上午7时10分，在某工程二期施工现场，钢筋班工人准备将堆放在基坑边上的钢筋原料移至钢筋加工场，钢筋工刘×等3名工人在钢筋堆旁作转运工作。由于堆放的钢筋不稳，刘×站在钢筋堆上不慎滑倒，被随后滚落的一捆钢筋压伤。7时25分刘×被送到医院，经抢救无效于12时20分死亡。

直接原因：

场地狭小，钢筋材料堆放困难，堆放不整齐，不稳。

间接原因：

（1）工人自我保护意识不强，对工作场所情况不了解。

（2）吊装管理不到位。

事故教训：

（1）加强对工人的安全教育，提高安全素质和技能，增强安全意识。

（2）对于场地狭小的现场，应进行科学的文明施工组织设计，合理安排场地，物料堆放必须整齐有序。

第七节　中毒事故

【案例16】"6.10"某花园中毒事故

事故时间： 2002 年 6 月 10 日 10 时 30 分

事故地点： 深圳市南山区

事故类别： 中毒

伤亡情况： 死亡 2 人

事故经过：

2002 年 6 月 10 日上午，某花园二期 B 栋的一个构造坑进行墙面防水施工，由于事发前几天一直下雨，坑底部积水，赵×× 等两人负责抽水工作。负责防水作业的工人到场时水尚未完全抽干，防水工彭× 等两人下到构造坑里面清理墙面，做涂装前准备工作。由于墙面潮湿，工人用煤气喷灯对墙面进行烘烤约 20 分钟。之后，彭×

等人用小桶盛装氯丁胶粘剂,携进坑里面开始进行防水涂装工作,约10分钟左右,在坑槽里面的赵××、彭×等人晕倒,经医院抢救无效死亡。

直接原因:

(1) 涂装作业使用的氯丁胶粘剂中苯含量是标准要求的133.4倍,严重超标。

(2) 涂装前用煤气喷灯烘烤墙面,造成构造坑内氧气不足。

间接原因:

(1) 管理制度不健全,没有严格执行ISO9000管理体系,无原材料采购、进场、入库和使用管理制度。

(2) 涂装作业前无安全技术交底,工人未使用个人防护用具。

(3) 没有严格执行《涂装作业安全规程》,入坑前未作气体检测,无通风换气措施。

事故教训:

(1) 建立健全各项安全管理制度并严格执行。

(2) 严格执行ISO9000管理体系,严格执行原材料采购、进场、入库和使用管理制度,把好原材料产品质量关。

(3) 涂装作业严格执行《涂装作业安全规程》,进入密闭空间（或有限空间）前一定要作气体检测,采取通风换气措施。

第八节　其他重大事故

【案例17】"8.09"某商住楼高处坠落及物体打击事故

事故时间：2003 年 8 月 9 日 9 时 30 分许

事故地点：深圳市宝安区

事故类别：高处坠落及物体打击

伤亡情况：死亡 3 人

事故经过

2003 年 8 月 9 日上午，某商住楼施工现场，架子班任××等两人到位于 25 层的悬挑防护棚上将堆放在其上面的钢管捆扎，以便用塔吊吊运到地面。9 时 30 分左右，任××在防护棚上捆扎钢管时，防护棚突然失稳变形，向下倾斜，任××从防护棚坠落至地面，坠落高度 74.3m。同时，该防护棚上面未捆扎好的数十根钢管随之滑落，部分掉至相邻的工地，砸中在地面上的社会人员刘××和唐××。3人被立即送往医院抢救，经抢救无效死亡。

直接原因：

（1）施工企业违规将拆下来的脚手架钢管堆放在防护棚上面，荷载超出了防护棚的承载能力，导致防护棚失稳，人员及堆放在上面的钢管坠落。

（2）在拆除脚手架的周围未设置隔离区，无明显警示标志，无专人看守。

（3）工人高处作业未系安全带。

间接原因：

（1）施工企业安全管理体系不健全，安全管理混乱。

（2）项目部未对工人进行班前安全教育，未实施有效的安全检查，对违章和违规的行为未能及时发现和制止。

（3）工人无证上岗，安全意识淡薄，冒险作业。

（4）脚手架专项施工方案内容空泛，没有针对性的安全技术措施，在施工中组织措施不力，安全防护措施不够。

（5）监理公司对脚手架专项施工方案未进行认真审核，没有督促施工企业严格按照规范进行施工，安全监理不到位。

事故教训：

（1）建立健全安全生产责任制，安全管理体系要从公司到项目部到班组层层落实，切忌走过场。

（2）坚决杜绝群死群伤的恶性事故，对易发生群死群伤事故的分部分项工程要制定有针对性的安全技术措施，确保万无一失。

（3）加强民工的培训教育，努力提高工人的安全意识，使工人树立"不伤害自己，不伤害别人，不被别人伤害"的安全意识。

（4）防护棚是用于防止高处坠物伤人的一种防护措施，并非卸料平台，禁止在上面堆放物料。

（5）拆除脚手架、转运钢管必须设立警戒区域，并由专人看管，严禁任何人员进入警戒区域。

附　录

附录1：主要施工安全法律、法规、规章

1.《中华人民共和国建筑法》

2.《中华人民共和国安全生产法》

3.《建设工程安全生产管理条例》

4.《深圳经济特区建设工程施工安全条例》

5.《广东省安全生产条例》

6.《特别重大事故调查程序暂行规定》（国务院第34号令）

7.《企业职工伤亡事故报告和处理规定》（国务院第75号令）

8.《工程建设重大事故报告和调查程序规定》（建设部第3号令）

9.《建筑安全生产监督管理规定》（建设部第13号令）

10.《建设工程施工现场管理规定》（建设部第15号令）

11.《广东省建设厅工程建设等重大事故报告及调查办法》（粤建办发(2002)7号）

附录2：主要施工安全技术规范标准简介

1.《建设工程施工现场供用电安全规范》（GB50194-1993）

实施日期：1994年8月1日

2.《建筑施工高处作业安全技术规范》（JGJ80-1991)实施日期：1991年4月1日

3.《施工现场临时用电安全技术规范》（JGJ46-1988)实施日期：1988年3月1日

4.《建筑施工安全检查标准》（JGJ59-99)实施日期：1999年5月1日

5.《建筑施工扣件式钢管脚手架安全技术规范》（JGJ130-2001）

实施日期：2001年6月1日

6.《建筑施工门式钢管脚手架安全技术规范》（JGJ128-2000）

实施日期：2000年12月1日

7.《龙门架及井架物料提升机安全技术规范》（JGJ88-92）

实施日期：1993年8月1日

8.《施工企业安全生产评价标准》(JGJ/T77-2003)实施日期：2003 年 12 月 1 日

9.《建筑施工场界噪声限值》(GB12523-1990)实施日期：1990 年 1 月 1 日

10.《施工升降机安全规则》(GB10055-1996)实施日期：1996 年 1 月 1 日

11.《施工升降机分类》(GB/T10052-1996)实施日期：1996 年 7 月 1 日

12.《施工升降机技术条件》(GB/T10054-1996)实施日期：1996 年 1 月 1 日

13.《施工升降机检验规则》(GB10053-1996)实施日期：1996 年 1 月 1 日

14.《施工现场安全生产保证体系》(DBJ08-903-98)实施日期：1998 年 10 月 1 日

15.《液压滑动模板施工安全技术规程》(JGJ65-89)实施日期：1989 年 1 月 1 日

16.《塔式起重机安全规程》(GB5144-94)

17.《机械设备防护罩安全要求》(GB8196-87)

18.《建筑卷扬机安全规程》(GB13329-91)

19.《柴油打桩机安全操作规程》(GB13749-92)

20.《起重机械安全规程》(GB6067-55)

21.《起重机吊运指挥信号》(GB5082-85)

22.《起重用钢丝绳检验和报废实用规范》(GB5972-86)

23.《安全帽》(GB2811-89)

24.《安全帽及试验方法》(GB2811~2812-89)

25.《安全带》(GB6095~6096-85)

26.《安全网》(GB5725-1997)

27.《密目式安全立网》(GB16909-1997)

28.《钢管脚手架扣件》(GB15831-1995)

29.《手持式电动工具的管理、使用、检查和维修安全技术规程》(GB3787-83)

30.《安全电压》(GB3805-84)

31.《漏电保护器安装和运行》(GB8955-92)

32.《安全标志》(GB2894-1996)

33.《安全标志使用导则》(GB16719-1996)

34.《高处作业分级》(GB3608—83)

35.《工厂企业厂内运输安全规程》(GB4387—84)

36.《特种作业人员安全技术考核管理规则》(GB5306—85)

37.《企业职工伤亡事故分类标准》(GB6441—86)

38.《企业职工伤亡事故调查分析规则》(GB6442—86)

39.原城乡建设环境保护部《建筑机械使用安全技术规程》(JGJ33—86)

40.建设部《塔式起重机操作使用规程》(ZBJ80012—89)

41.建设部《建筑基坑支护技术规程》(JGJ120—99)

附录3：施工伤亡事故上报和处理

一、施工伤亡事故的分类

按照建设部令第3号《工程建设重大事故报告和调查程序规定》。施工伤亡事故分为四个等级：

（一）具备下列条件之一者为一级重大事故：1、死亡三十人以上；2、直接经济损失三百万元以上。

（二）具备下列条件之一者为二级重大事故：1、死亡十人以上，二十九人以下；2、直接经济损失一百万元以上，不满三百万元。

（三）具备下列条件之一者为三级重大事故：1、死亡三人以上，九人以下；2、重伤二十人以上；3、直接经济损失三十万元以上，不满一百万元。

（四）具备下列条件之一者为四级重大事故：1、死亡二人以下；2、重伤三人以上，十九人以下；3、直接经济损失十万元以上，不满三十万元。

二、事故的现场保护和报告

1.事故发生后，事故发生地的有关单位必须严格保护事故现场，采取有效措施抢救人员和财产，防止事故扩大。因抢救人员、疏导交通等原因，需要移动现场物件时，应当做出标志，绘制现场简图并做出书面记录、妥善保存现场重要痕迹、物证、有条件的可以拍照或录相。

2. 施工单位发生生产安全事故,应当按照国家有关伤亡事故报告和调查处理的规定,及时、如实地向负责安全生产监督管理的部门、建设行政主管部门或者其他有关部门报告;特种设备发生事故的,还应当同时向特种设备安全监督管理部门报告。

3. 接到报告的部门应当按照国家有关规定,如实上报。

4. 实行施工总承包的建设工程,由总承包单位负责上报事故。

5. 在二十四小时内写出事故报告。

6. 涉及军民两个方面的特大事故,特大事故发生单位在事故发生后,必须立即将所发生特大事故的情况报告当地警备司令部或最高军事机关,并应当在二十四小时内写出事故报告,报上述单位。

7. 省、自治区、直辖市人民政府和国务院归口管理部门,接到特大事故报告后,应当立即向国务院做出报告。

8. 特大事故报告应当包括以下内容:

(1) 事故发生的时间、地点、单位;

(2) 事故的简要经过、伤亡人数,直接经济损失的初步估计;

(3) 事故发生原因的初步判断;

(4) 事故发生后采取的措施及事故控制情况;

(5) 事故报告单位。

附录4:工伤保险常识

一、工伤

工伤亦称职业伤害,指职工在劳动中所发生的或与之相关的人身伤害,包括事故伤残和职业病以及因这两种情况造成的死亡。上下班途中的交通事故产生的伤亡和出差中的伤亡因与工作相关,亦属于工伤。

二、工伤保险

工伤保险又称职业伤害保险,是指国家和社会为在生产、工作或在规定的某些特殊情况下遭受意外伤害、职业病伤害的劳动者提供医疗服务、生活保障、经济补偿、医疗和职业康复，为因这两种情况造成死亡的劳动者的供养亲属提供遗属抚恤等物质帮助的社会保险制度。

三、工伤保险的基本原则

国际上实行工伤保险的国家基本奉行"无责任补偿"原则，补偿直接经济损失的原则，保障与补偿相结合的原则，预防、补偿和康复相结合的原则。

四、职业病

从广义上讲，是指劳动者在生产劳动和在其他的职业活动中，因接触职业性有毒有害环境而引起的疾病。但在工伤保险中所称的职业病通常是指通过国家法律法规明文规定的法定职业病类型。

根据职业病防治法的规定，职业病是指企业、事业单位和个体经济组织的劳动者在职业活动中，因接触粉尘、放射性物质和其他有毒、有害因素而引起的疾病。其中，职业病危害因素是指职业活动中存在的各种有害的化学、物理、生物因素以及在作业过程中产生的其他职业有害因素。

五、工伤保险与人身意外伤害保险的区别

工伤保险不以营利为保险目的。它是政府实施的一项社会保障措施，是在企业职工发生工伤事故或职业病导致负伤、致残、死亡后、对受害者或其遗属提供的医疗保障和基本生活保障等。工伤保险的保险目的是保障受伤害职工的合法权益，以便妥善处理事故和恢复生产，维护正常的生产和生活秩序，维护社会安定。商业性的人身意外伤害保险则具有保险与营利双重目的。虽然它能对劳动者给予一定的保障，却带有商业色彩。

工伤保险的实施方式是强制实施的，它是社会保险管理机构依据国家有关法律，强制实施对象参加的社会保险。商业保险公司的人身意外伤害保险的实施方式是自愿的。

投保人或被保险人自愿投保，保险人与被保险人双方在自愿的基础上签订保险合同，并遵循契约自由的原则。